Lombricompost
facile

Livre éco-conçu

Terre vivante a réalisé en 2010 la première analyse du cycle de vie (ACV) d'un livre en France. Cette étude nous a permis d'identifier les impacts de la fabrication d'un livre sur l'environnement, dans l'objectif de les limiter :
Fabriquer des livres, quels impacts sur l'environnement ?
à consulter sur www.terrevivante.org

Le papier choisi pour cet ouvrage est issu de pâte vierge produite écologiquement en Europe à partir de forêts gérées durablement. Il ne provient pas de pâte à papier fabriquée aux quatre coins du monde ! Ce livre est de plus imprimé en France, par un imprimeur soucieux de préserver l'environnement à travers des actions d'économies d'énergie, de valorisation des déchets, d'utilisation de produits moins nocifs pour la santé des travailleurs...

Depuis 1979, Terre vivante partage ses expériences en matière d'écologie pratique (jardinage bio, alimentation saine, santé, bien-être, habitat écologique, consommation responsable) à travers :
- l'édition de livres pratiques,
- le magazine *Les 4 Saisons du jardin bio*,
- des jardins écologiques proposant des stages pratiques,
- le portail Internet www.terrevivante.org.

Le catalogue des ouvrages publiés par Terre vivante est disponible sur simple demande et sur Internet.
Terre vivante, domaine de Raud, 38710 Mens.
Tél. 04 76 34 80 80. Email : info@terrevivante.org
www.terrevivante.org

Directrice éditoriale : Brigitte Michaud
Suivi éditorial : Fabienne Vaslet
Correction : Anne-Soazig Brochoire
Mise en page et adaptation des dessins : Françoise Masson

ISBN : 978-2-36098-314-8

Édition originale : *Kompost aus der Kiste, Wurmkisten für den Hausgebrauch selbst bauen*, Lydia Brucksch und Jasper Rimpau, Eugen Ulmer KG, Stuttgart, 2013.

Lydia BRUCKSCH & Jasper RIMPAU

Lombricompost facile

Fabriquer son lombricomposteur et bien l'utiliser

Dessins de Suzanne Dinkel

Traduit de l'allemand
par Pierre BERTRAND

terre vivante

Sommaire

Faire son compost à la maison

Il est parfaitement possible de composter ses déchets de cuisine à la maison, sans mauvaises odeurs ! Ceci au moyen d'un lombricomposteur, constitué de bacs superposés dans lesquels les vers digèrent les déchets. La décomposition est bien plus rapide que dans un compost de jardin classique et le compost est prêt en 3 à 9 mois.
Dans un lombricomposteur, on peut, avec l'aide des vers de compost, transformer tous les déchets de cuisine et de jardin mous en lombricompost et en engrais liquide, ou lombrithé.

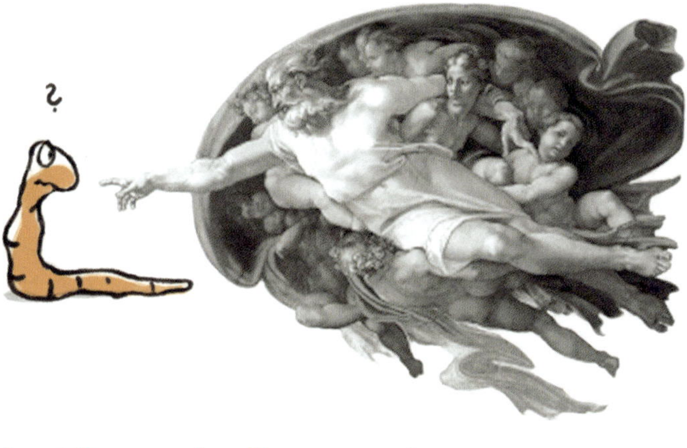

« Le Bon Dieu seul sait comment on rend la terre fertile et il a confié son secret aux vers de terre. »

Vieux dicton français

Vous diminuerez vos déchets ménagers d'un quart à un tiers et pourrez nourrir vos plantes avec un engrais riche. De plus, des déchets en moins dans la poubelle représentent une économie de CO_2 (dioxyde de carbone) et d'argent. Et si vous êtes amateur de pêche, le lombricomposteur vous fournira une réserve d'appâts, car certaines espèces de vers sont excellentes pour taquiner le poisson.

Les modèles de lombricomposteur présentés dans ce livre peuvent être utilisés à l'intérieur mais aussi au jardin. Les lombricomposteurs sont particulièrement intéressants pour les jardiniers de balcon ou de ville manquant de place pour un compost classique.

Nous avons réalisé notre premier compost à la maison avec un modèle commercial qui nous a donné entière satisfaction à l'exception de son prix d'achat élevé. Nous avons donc mis au point un lombricomposteur à la portée de tous : un système de bacs en polystyrène que l'on peut même récupérer gratuitement. Ainsi, avec un peu de matériel et quelques euros, il est facile de fabriquer un lombricomposteur qui ne nécessite pas de connaissances particulières en bricolage. Notre deuxième modèle en bois est lui aussi très simple à fabriquer. Les systèmes que nous présentons dans ce livre ont servi de nombreuses années et fonctionnent parfaitement bien, produisant un bon lombricompost et un lombrithé de qualité.

La présence d'un lombricomposteur dans la maison est aussi l'occasion pour toute la famille d'observer un écosystème complet et de montrer les cycles naturels à vos enfants.

Nous espérons que nos idées vous séduiront. Et qui sait, peut-être tomberez-vous sous le charme des vers de compost, en construisant votre petit cycle naturel à domicile et en transformant vos déchets de cuisine en précieux engrais pour vos plantes.

Tout savoir sur les vers de compost

Lors d'une promenade dans la nature ou en jardinant après la pluie, qui n'a jamais rencontré de vers de terre en plus ou moins grand nombre ? Les jardiniers les apprécient beaucoup, du moins ceux qui connaissent leur importance pour une terre de jardin fertile et bien texturée. Le mot allemand pour ver de terre, *Regenwurm*, serait la déformation de l'expression « *reger Wurm* », c'est-à-dire « ver alerte », bref un travailleur infatigable. Mais tous les vers de terre que nous apercevons sont-ils des candidats pour nos lombricomposteurs ? Voyons cela !

La famille des vers de compost

Le corps du ver de compost est divisé en nombreux anneaux, ce qui le classe dans l'embranchement des Annélides, ou vers annelés. Au sein des Annélides, le ver de compost fait partie de ceux qui présentent un épaississement, sorte de ceinture (ou clitellum) située sur le tiers antérieur du corps, et constituent la classe des Clitellates. Pour qu'ils puissent se mouvoir, leur corps est recouvert de soies qui nous permettent aussi d'identifier les différentes espèces ; les vers possédant peu de soies font partie de l'ordre des Oligochètes.

Quelques types de vers

CLASSIFICATION	NOMS FRANÇAIS	NOMS SCIENTIFIQUES
Embranchement	Vers annelés	Annélides
Classe		Clitellates
Ordre		Oligochètes
Famille	Vers de terre	Lombricidés
Genre	Vers de compost	*Eisenia, Dendrobaena*
Espèces	Ver de fumier, ver rouge, « dendros », etc.	*Eisenia fetida, Eisenia andrei, Dendrobaena veneta*

Les vers de terre forment une famille à part au sein de cet ordre, celle des Lombricidés, ou lombrics. Seuls les noms scientifiques permettent de nommer précisément les différentes espèces, les noms français étant trop peu précis et souvent synonymes. En France, on compte trente-neuf espèces de lombrics dont les vers de compost : *Eisenia fetida*, *Eisenia andrei*, *Dendrobaena veneta* et *Lumbricus rubellus*.

Quels vers pour votre lombricomposteur ?

Des 3 000 espèces de vers vivant sur Terre, seules quelques-unes peuvent être utilisées dans un lombricomposteur, parmi lesquelles *Eisenia fetida*, *Eisenia andrei* et *Dendrobaena veneta*. Depuis des millions d'années ces trois espèces sont les spécialistes de la décomposition de matière organique. Elles se plaisent dans la gamme de températures engendrée par la décomposition. Leur cycle reproducteur, plus rapide que celui des autres espèces, compense le fait qu'elles vivent dans les couches supérieures du sol, plus exposées aux prédateurs.

On ne peut donc pas ramasser le premier ver de terre venu et le mettre dans le lombricomposteur. Les lombrics rouge-brun et assez clairs (*Lumbricus terrestris*), qui sortent de terre après la pluie, ont surtout pour rôle d'aérer le sol. Ils vivent dans les couches profondes et supporteraient mal la chaleur qui règne dans un lombricomposteur.

Une poignée de vers de compost : *Eisenia fetida* et *Eisenia andrei*.

Eisenia fetida et *Eisenia andrei*

Ces deux espèces sont les plus utilisées dans les lombricomposteurs. On les trouve facilement dans le commerce ou dans la nature. Comme elles se reproduisent rapidement, votre lombricomposteur contiendra bientôt le bon nombre de vers. De plus, elles ont une grande tolérance aux variations de température et ne prennent pas ombrage d'un léger relâchement dans la surveillance. *Eisenia fetida* et *Eisenia andrei* sont deux espèces parentes qu'on ne peut différencier qu'à l'aide d'un microscope. Nous regrouperons donc ces deux espèces dans la même catégorie.

Un poids plume

Un ver de compost pèse en moyenne 0,5 g.

En raison de son attirance pour les tas de fumier et d'une sécrétion malodorante, *Eisenia fetida* est couramment appelé « ver de fumier ». C'est aussi de là que vient son nom latin *fetida*, qui signifie « fétide, puant ». Il se distingue du ver de terre commun, ou lombric, par sa couleur d'un rouge vif qui le protège du rayonnement ultraviolet, plus puissant dans les 30 cm supérieurs du sol où il vit, c'est-à-dire là où s'accumulent les plus grandes quantités de matière organique.

Grâce à leur vitesse de reproduction élevée, les vers de compost peuvent réagir très rapidement à un apport massif d'aliments. S'ils se plaisent dans leur lombricomposteur, la population double tous les trois mois jusqu'à ce qu'elle s'ajuste à la quantité de nourriture disponible. Ils apprécient d'ailleurs la vie en groupe dans les espaces restreints, où on les aperçoit souvent étroitement serrés les uns contre les autres.

Le cycle de vie du ver de fumier

Avec ses 5 à 10 cm de long, le ver de fumier est nettement plus petit que le ver de terre. La couleur rouge du corps contraste avec ses rayures de tigre plus foncées. Entre la ponte du cocon et la maturité sexuelle du ver, il s'écoule entre 45 et 51 jours. Les vers ont besoin d'un environnement humide. L'humidité optimale pour le ver de fumier est de 85 % (entre 70 et 90 %). Il vit en moyenne moins de 600 jours, même si certains sujets peuvent vivre 4 ou 5 ans.

Dendrobaena veneta (ou *Eisenia hortensis*)

La troisième espèce pour lombricomposteur est *Dendrobaena veneta*, ou « dendro » comme l'appellent familièrement les pêcheurs. Avec ses 10 cm, il est plus long et plus lourd que le ver de fumier. Il s'agite longtemps sous l'eau, d'où son utilisation comme appât pour la pêche.

Les dendros se reproduisent plus lentement que les vers de fumier. Mais comme ils sont aussi plus grands, ils peuvent décomposer des quantités relativement importantes de déchets organiques. Leur température préférée est de 25 °C, mais ils peuvent vivre entre 0 et 30 °C. Si vous avez des animaux de terrarium, vous pouvez aussi élever des dendros pour les nourrir, ils s'en régaleront.

Dendrobaena veneta est aussi un excellent appât pour la pêche.

Quelle espèce choisir ?

Si vos vers sont destinés exclusivement au compostage, les trois espèces feront l'affaire. L'idéal est un mélange initial des trois jusqu'à ce que l'une finisse par prendre le dessus. Cela signifiera que cette dernière est la mieux adaptée aux conditions et aux déchets de votre lombricomposteur. Mais si vos vers doivent servir aussi pour la pêche, optez tout de suite pour les dendros.

Où trouver des vers de compost ?

Ce ne sont pas les solutions qui manquent pour trouver de zélés collaborateurs.

Partir à leur recherche

Pendant les mois doux, on trouve des vers dans les tas de fumier et de compost ainsi que dans les déchets de jardin abandonnés sur place. Il suffit de défaire ces tas de déchets couche après couche ou de les fouiller avec précaution. Vous en trouverez plus facilement dans le compost demi-mûr.
Commencez par étudier sérieusement les vers de compost afin de les distinguer à coup sûr des autres vers. Malheureusement, on n'en trouve pas partout et on tombe le plus souvent sur des vers de terre, eux aussi attirés par les tas de compost, bien qu'ils vivent solitairement dans les couches profondes du sol. Seuls les vers de compost s'acclimateront et se reproduiront dans votre lombricomposteur. Il vous faudra au moins 500 g de vers, soit environ 1 000 individus.

Les attirer

À défaut de tas de compost ou de fumier, servez-vous d'un vieux truc de pêcheur pour attirer les vers, qui ne fonctionne que par temps doux. Étendez sur le sol un carton déplié et légèrement mouillé et veillez à ce qu'il reste humide. Il jouera le rôle d'abri contre le soleil, le dessèchement et les becs affamés des oiseaux. Chaque jour, épandez du marc de café sous le carton. Cela fonctionnera encore mieux si vous mélangez le marc avec des feuilles à demi décomposées. Après quelques semaines, des vers de compost se seront installés dans le marc et il sera temps de les récolter. Nous avons aussi essayé avec succès d'étaler à l'automne une couche de paille gardée humide ; au printemps, nous récoltons des vers adultes, des jeunes et des cocons.

Se faire offrir des vers

Vous connaissez peut-être quelqu'un qui a déjà un lombricomposteur et pourrait vous céder quelques vers. Peut-être pourra-t-il même vous donner un peu de compost demi-mûr contenant des cocons ou des vers. Mais ne brûlez pas les étapes de votre projet, car les vers doivent d'abord se reproduire en nombre suffisant. Un écosystème installé ne sera pas perturbé par le prélèvement de quelques vers et retrouvera bientôt sa population optimale.

Acheter des vers

Enfin, il vous reste la possibilité d'acheter vos vers dans un élevage lombricole ou en ligne (voir Carnet d'adresses, p. 124). Faites attention au nombre et à l'âge des vers que vous achetez : un mélange de jeunes et d'adultes ainsi que de plusieurs espèces est la meilleure option au démarrage. Évitez les envois en seau, car le substrat devient vite anaérobie et inhospitalier.

Les autres habitants du lombricomposteur

Dans un lombricomposteur se déroule un processus très semblable à ce qui se passe dans la nature. La matière morte se retrouve sur le sol. L'humidité, les bactéries et les champignons ramollissent les végétaux morts, puis une foule d'organismes se ruent sur cette manne. Chaque groupe d'organismes a un rôle dans la chaîne de décomposition et laisse derrière lui des morceaux un peu plus petits que ses prédécesseurs. En début de chaîne se tiennent les cloportes et de très nombreux acariens ; à l'autre bout, on trouve des bactéries et des champignons. La matière morte est ainsi dévorée plusieurs fois jusqu'à ce qu'elle soit complètement décomposée et de nouveau disponible pour les plantes. Quelque part au milieu de la chaîne se trouve le ver de terre, principal responsable de la stabilisation des nutriments dans le sol.

Si le lombricompostage fait la part belle aux lombrics, un lombricomposeur abrite d'autres animaux et microorganismes encore plus nombreux, aussi indispensables à la décomposition que les vers de compost. Certains sont visibles à l'œil nu, d'autres seulement au microscope. Ils s'installent spontanément, par exemple avec les épluchures de fruits et de légumes. En ajoutant un peu de feuilles, de compost et de fumier dans votre lombricomposteur, vous introduirez d'autres organismes tels que les cloportes et les mille-pattes. Ceux-ci participent à la formation du compost : ne leur faites pas de mal et contentez-vous de les laisser travailler. Un lombricomposteur est un petit écosystème à part entière, qui s'ajuste de manière optimale aux conditions existantes. C'est pourquoi chaque lombricomposteur abrite des organismes légèrement différents. Voici les principaux.

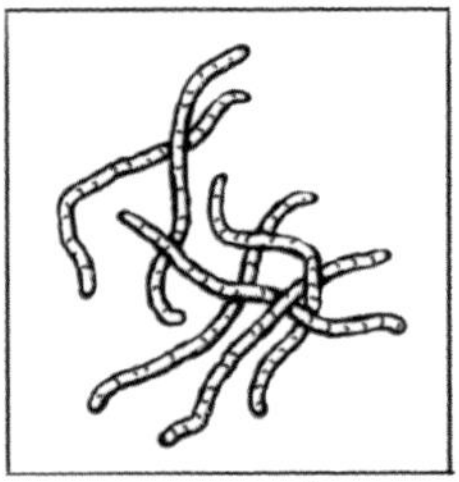

ENCHYTRÉES

• Les **enchytrées** (*Enchyraeus albidus*) sont des petits vers mesurant de 0,5 à 3 cm de long. Ils sont blancs ou jaune clair et beaucoup plus minces que les vers de compost, dont ils se distinguent nettement. Comme eux, ils se nourrissent de matière en décomposition, mais ils préfèrent un milieu plus acide. Si votre lombricomposteur contient vraiment beaucoup d'enchytrées, cela signifie que le substrat est trop acide : ajoutez du calcaire ou un mélange de minéraux (Mineral Mix). On élève aussi les enchytrées pour nourrir les poissons d'aquarium et les animaux de terrarium ; l'élevage en lombricomposteur est possible, à condition de leur donner un aliment spécial.

• Les **collemboles** sont des insectes sans ailes et de couleur blanche, contrastant sur le substrat foncé. Ils se caractérisent par leur fourche caudale (ou furca) avec laquelle ils bondissent hors du danger. Ils sont très petits, entre 0,5 et 1 mm, et les détails sont difficiles à voir à l'œil nu ; mieux vaut utiliser une loupe ou un microscope. Les collemboles jouent un rôle impor-

COLLEMBOLE

tant dans le découpage de la matière organique et consomment souvent les algues, les champignons et les bactéries qui s'y développent. Ils vivent aussi dans les eaux d'infiltration.

CLOPORTE

• Pour que les **cloportes** s'installent dans un lombricomposteur, il faut les introduire volontairement, ou involontairement avec des feuilles mortes ou des déchets de jardin. Ces petits crustacés respirent par des branchies qu'ils doivent maintenir constamment humides. Capables, grâce à leurs mandibules puissantes, de découper et de digérer les végétaux frais et coriaces, ils sont essentiels à la formation de l'humus. Les cloportes européens mesurent entre 0,3 et 1 cm de long, leur corps est aplati et constitué de plusieurs segments articulés. En cas de danger, ils se roulent en boule.

• Les **mille-pattes**, ou **millipèdes**, vivent dans les feuilles mortes, le fumier, le bois en décomposition et le compost. Lointains cousins des insectes, ils comptent parmi les plus anciens animaux terrestres. Ils contribuent à la décomposition en se nourrissant de végétaux morts, d'algues et de lichens. Tous les enfants connaissent leur corps allongé avec deux paires de pattes par segment et deux antennes sur la tête. Mais ils sont loin d'avoir 1 000 pattes : selon l'espèce, ils en ont entre 16 et 680. Les différentes espèces sont brunes, noires ou blanches. En cas de danger, ils peuvent comme les coccinelles sécréter une substance qui irrite les muqueuses ou repousse les prédateurs par son amertume. Cette substance est inoffensive pour les humains.

• Beaucoup plus rarement, on trouve aussi dans le compost des **centipèdes**, qui font partie de la même famille que les millipèdes. Mais grâce à leurs pattes moins nombreuses et plus longues, ils courent très vite, contrairement aux millipèdes.

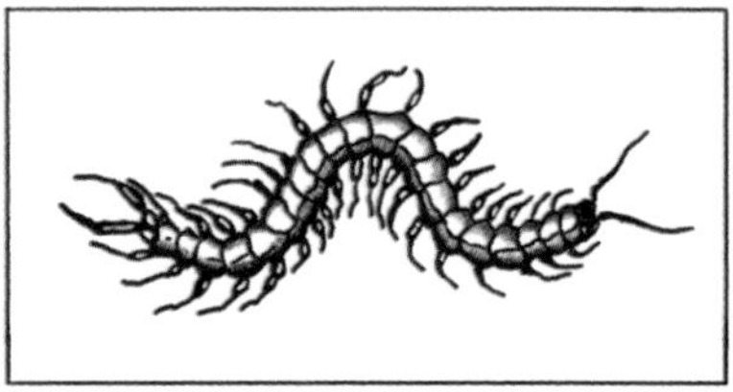
CENTIPÈDE

Leurs antennes sont également plus longues. Ces prédateurs croquent parfois de jeunes vers de terre, sans risque pour la population de lombrics, dans le respect des cycles naturels.

• Votre lombricomposteur héberge aussi diverses espèces d'**acariens**. Ceux-ci sont si petits qu'ils sont parfois difficiles à voir à l'œil nu ; les plus petits ne dépassent pas 0,1 mm de long. Apparentés aux araignées, les acariens ont un corps arrondi pourvu de 8 pattes. La plupart des acariens présents dans les lombricomposteurs font partie de la famille des **oribates.** Ceux-ci vivent dans les 30 cm supérieurs du sol et se nourrissent de matière déjà partiellement décomposée.

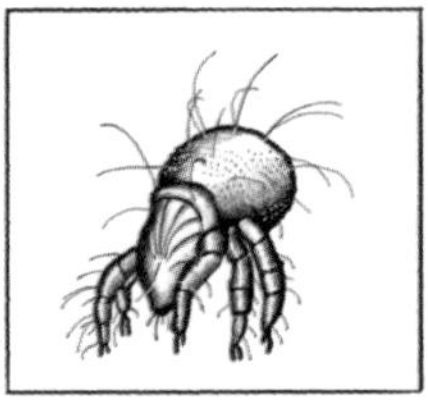
ORIBATE

Comme ils ne digèrent pas les trois quarts de ce qu'ils mangent, leurs déjections sont une excellente nourriture pour les bactéries. Ils stimulent ainsi l'activité des autres organismes et contribuent de manière conséquente à l'humification du sol. Dans un lombricomposteur bien équilibré vivent aussi des **mésostigmates**, des acariens parasites au corps plus étroit et pourvu de pattes plus longues qui leur permettent de se mouvoir rapidement. Les mésostigmates contribuent à l'équilibre de la population du lombricomposteur. On assiste parfois à une véritable explosion de la population d'acariens, par exemple quand on a mis trop de fruits. Ce problème sans conséquence se règle par une plus grande diversité des apports.

• Les **bactéries** sont de minuscules organismes généralement unicellulaires, de taille et de forme variables. Elles sont si petites qu'il faut un microscope pour les observer. Les bactéries du sol sont indispensables à la décomposition de la biomasse, car elles mettent les sels minéraux à la disposition des plantes. Elles vivent dans un mince film d'eau à la surface des particules de terre. Les bactéries se reproduisent de manière asexuée par division cellulaire et peuvent se dédoubler toutes les vingt minutes. Dans le compost, on trouve des bactéries qui ont besoin d'oxygène pour vivre (aérobies). Mais s'il y a trop d'aliments et que les décomposeurs ne peuvent pas tout manger, ou si l'aération est insuffisante, des bactéries qui ne supportent pas l'oxygène (anaérobies) se multiplient, produisant une odeur de pourriture. Les vers évitent les zones concernées ou tombent malades.

• Les **champignons** ne sont ni des plantes ni des animaux, mais constituent un règne à part, indispensable à la décomposition. Ils dégradent et transforment les matériaux difficiles à décomposer comme le bois. Votre lombricomposteur contient diverses espèces de champignons, qui disparaissent spontanément une fois leur travail accompli. Les **moisissures** sont aussi des champignons. Elles apparaissent parfois à la surface des aliments en décomposition et disparaissent spontanément si on ajoute de nouveaux aliments en petites quantités. Mais il est rare qu'elles se manifestent de manière visible. En cas de doute, enfouissez l'aliment atteint dans le substrat ou jetez-le à la poubelle.

• Les **mouches du vinaigre** ou **drosophiles** ne sont pas rares dans un lombricomposteur qui contient des fruits. Ces petites mouches aux yeux rouges, longues de 1 à 6 mm, se multiplient très rapidement et peuvent vite devenir pénibles. Difficile d'éviter la présence de ces larves qui s'introduisent dans le lombricomposteur avec les épluchures des fruits ! Vous apprendrez à régler ce problème dans le chapitre « Foire aux questions », p. 117.

Biologie des vers

Comment sont-ils faits, ces vers de compost qui nous aident à réinsérer nos déchets organiques dans le cycle de la nature et à améliorer la fertilité de nos jardins ?

Structure du corps

Deux pour le prix d'un ?

L'idée selon laquelle un ver coupé en deux donne deux vers est une légende.

Le ver de terre a le corps allongé, rond et divisé en anneaux ou segments. À l'intérieur, les segments sont tous identiques : chaque segment forme une chambre contenant un ganglion nerveux, un organe excréteur et des veines qui assurent l'approvisionnement en oxygène et en nutriments. Seuls les segments antérieurs et les segments contenant les organes reproducteurs diffèrent un peu. À première vue, l'avant et l'arrière du corps sont identiques. Avec l'habitude, vous repérerez rapidement la tête du ver : l'avant est plus sombre et plus effilé, tandis que l'arrière est plus plat.

Le clitellum

Le premier tiers antérieur du corps présente un renflement bien visible, le clitellum, un mot qui signifie « ceinture » en latin. Il n'est présent que chez les individus adultes vivant en conditions favorables. En regardant bien, vous saurez combien de vers adultes occupent votre lombricomposteur.

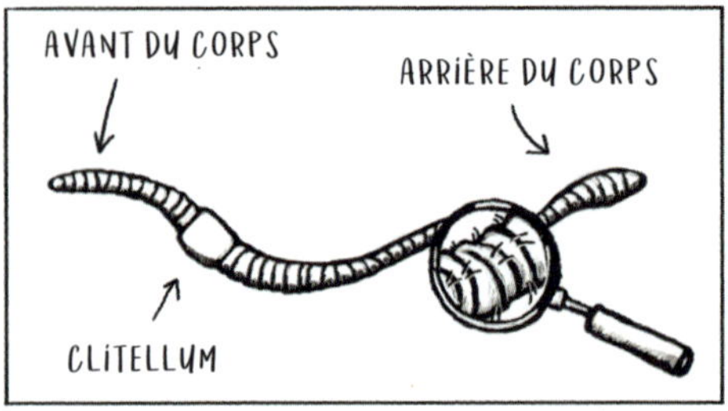

L'hydrosquelette

Un ver de terre peut se faufiler dans des fissures étroites, s'allonger en s'amincissant ou rétrécir en s'épaississant, car il n'a pas d'os : c'est un invertébré. La forme du corps est stabilisée par un fourreau de muscles cutanés. Ce fourreau, rempli de liquide, est constitué de muscles longitudinaux et de muscles circulaires qui donnent sa souplesse à l'animal. Cet hydrosquelette permet au lombric d'élargir les plus petites fissures de la terre et d'ameublir ainsi le sol.
Contrairement aux autres espèces, le liquide interne du ver de compost *Eisenia fetida* est jaune clair et légèrement nauséabond. En cas de danger, ses glandes cutanées sécrètent ce liquide pour dégoûter les prédateurs.

À quoi servent les soies

Chaque segment du corps possède quatre paires de poils rigides (soies) composés de chitine. Les soies permettent au ver d'avancer ou de s'accrocher au substrat. Vous serez surpris de voir avec quelle rapidité les vers de votre lombricomposteur peuvent rentrer dans leur trou. Les vers laissent souvent le tiers postérieur du corps dans leur galerie, où ils s'agrippent fermement avec leurs soies, pour se mettre vite à l'abri en cas de danger.

La respiration

Les vers de terre absorbent l'oxygène et rejettent le dioxyde de carbone (CO_2) à travers la peau, qui remplit le rôle de poumons. Il est donc vital que celle-ci reste humide. Des cellules spéciales sécrètent un mucus qui la protège du dessèchement. Enfin, la respiration cutanée permet aussi au ver de survivre quelque temps dans une eau bien oxygénée.

La couleur

La couleur est très variable d'une espèce à l'autre. Les individus qui vivent près de la surface du sol, comme le ver de compost, sont plutôt foncés. La coloration rouge à bleu-violet les protège du rayonnement ultraviolet. Les espèces vivant en profondeur sont moins pigmentées et donc plus claires. Certaines familles comme le ver de terre montent régulièrement à la surface et entraînent des végétaux dans leurs galeries. Ces espèces ont l'avant du corps plus sombre tandis que le reste est clair. Presque tous les vers ont le ventre clair.

Les organes sensoriels

Malgré l'absence d'yeux, les vers réagissent à la lumière, car le soleil leur est néfaste. Ils perçoivent la lumière grâce à des cellules photosensibles réparties sur tout le corps, mais plus nombreuses au niveau de la tête.
Les vers perçoivent les contacts avec la peau et les soies grâce à des cellules tactiles qui ressentent également les secousses, permettant à l'animal de s'enfuir à l'approche d'un prédateur. Les vers étant sensibles au moindre frémissement, évitez d'exposer le lombricomposteur aux vibrations.
Les vers perçoivent les saveurs et les odeurs grâce à des cellules sensibles aux substances chimiques, qui réagissent également à l'acidité. Le ver perçoit ainsi l'acidité du substrat. Les vers de compost préfèrent les sols neutres ou alcalins au pH compris entre 5 et 7. Une acidité trop forte peut irriter leur peau.

La reproduction

Les vers de terre, hermaphrodites, ont quand même besoin d'un partenaire pour se reproduire. L'autofécondation est extrêmement rare. Pour s'accoupler, les deux vers s'allongent tête-bêche l'un contre l'autre. La fécondation des ovules par les spermatozoïdes est un phénomène captivant. Le clitellum des vers produit un mucus qui durcit et forme une sorte de coque parcheminée autour du clitellum, le cocon, à l'intérieur duquel les vers sécrètent un liquide protéique nourrissant. Des contractions musculaires déplacent ensuite le cocon en direction de la tête. Durant ce déplacement, le cocon recueille les ovules encore non fécondés au niveau du 15ᵉ segment. Le cocon continue de glisser et passe sur le 9ᵉ ou le 10ᵉ segment de l'autre ver, où il recueille les spermatozoïdes. La fécondation a lieu à l'intérieur du cocon. L'accouplement dure environ une heure.

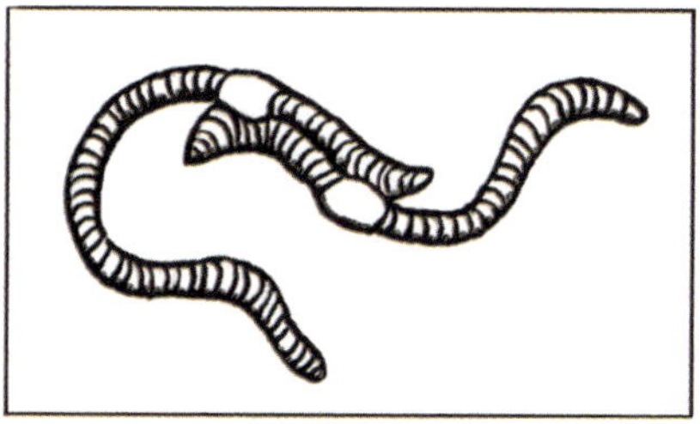

La dépose du cocon

Pour finir, le ver se débarrasse du cocon. Avec un peu de chance, vous pourrez même observer ce processus, qui a lieu généralement quarante-huit heures après l'accouplement. Le ver semble alors pris dans un anneau blanc, dont il s'extrait littéralement en compressant très fortement le corps au niveau de l'anneau. Dès que l'anneau se détache du ver, ses deux extrémités se referment immédiatement ; un petit cocon en forme de citron repose alors devant le ver. D'abord blanc comme neige, il devient jaune foncé avec le temps. On trouve fréquemment des cocons ouverts dans le lombricomposteur. Ces cocons bruns et translucides sont le signe d'une reproduction réussie !

Le développement des larves

Le cocon jaunâtre est un peu plus petit qu'un grain de riz et prend la forme d'un citron. Suivant l'espèce, il contient entre 2 et 8 œufs fécondés d'où éclosent des larves qui se nourrissent du liquide protéique à l'intérieur du cocon. Plus tard, la larve prend la forme et la structure anatomique du ver de terre. Pendant ce temps, le cocon acquiert une coloration brun clair. Les jeunes vers sont prêts à éclore au bout de seize jours. En moyenne, 3 vers naissent du cocon. À l'œil nu, le jeune ver ressemble à un fil rouge. Au début, les jeunes vers sont translucides et on les confond souvent avec les enchytrées blancs. En conditions de laboratoire, un ver de compost *Eisenia fetida* peut produire en un an 100 cocons contenant 3 œufs en moyenne. Mais une surpopulation de vers n'est pas à craindre : beaucoup de jeunes meurent avant d'atteindre l'âge de se reproduire. Au bout du compte, il ne survit pas plus de vers que nécessaire, car la population s'ajuste à la quantité de nourriture disponible.

Du cocon à l'adulte
Depuis le cocon fraîchement déposé jusqu'à l'adulte sexuellement mûr, il s'écoule entre 45 et 51 jours.

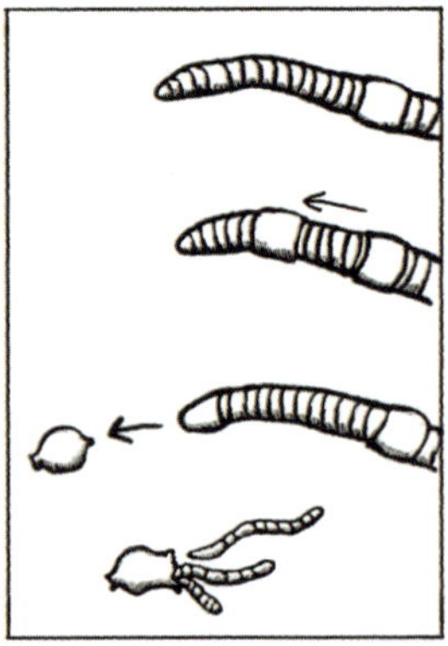

La digestion

Les vers étant dépourvus de dents, ils dépendent de tout un ensemble d'organismes qui découpent les aliments en petits morceaux. Cette soupe prédigérée, mélangée à de la terre et à des microorganismes, est « aspirée » par le ver. Les glandes calcifères de son œsophage ajoutent du calcaire au mélange afin d'en neutraliser l'acidité. Dans l'intestin, les particules dures contenues dans la terre fonctionnent comme une meule. La nourriture est broyée par ces éléments durs et digérée par les enzymes. C'est pourquoi le lombricomposteur doit contenir un peu de sable ou de Mineral Mix (voir p. 64).
Fait important, le ver de terre n'assimile qu'une petite partie de la nourriture ingérée. Les produits de la digestion sont une combinaison de matière organique non digérée et de particules de terre, que le ver rejette sous forme de monticules. C'est ainsi que se forme le complexe argilo-humique essentiel à la subsistance de nombreux microorganismes.

La diapause, kézako ?

Les vers sont des animaux « à sang froid », c'est-à-dire qu'ils ne régulent pas eux-mêmes leur température mais prennent la température de leur environnement. Lorsque les conditions sont défavorables, ils se réfugient dans les couches profondes du sol. Si elles deviennent extrêmes, comme la chaleur et la sécheresse estivales ou le froid hivernal, le ver entre dans un stade de repos appelé diapause, dans les profondeurs du sol. Dans ces moments, les vers se serrent étroitement les uns contre les autres pour minimiser les pertes d'eau, formant de véritables pelotes. Dès que les conditions s'améliorent, ils reprennent leur activité. Mais à l'intérieur d'un logement chauffé, la diapause ne se produit pas.

Perte de queue

En cas de menace, le ver de terre peut abandonner la partie postérieure de son corps, ce qui l'aide à s'échapper s'il est pris dans le bec d'un oiseau, par exemple. Il utilise aussi cette astuce pour se débarrasser des endoparasites, qu'il repousse et accumule dans les derniers segments de son corps ; après quelque temps, il se sépare simplement de la pointe de sa queue. Les derniers segments postérieurs ne contenant aucun organe vital, il est facile d'en régénérer de nouveaux. Au début, ceux-ci sont très petits, puis ils reprennent peu à peu leur taille normale.

Prédateurs et menaces

Les lombrics ont de nombreux prédateurs : rongeurs, oiseaux, reptiles, amphibiens, carabes, limaces et centipèdes. Mais c'est la taupe qui consomme le plus de vers de terre et qui en fait même des provisions. Elle mord les vers derrière la tête pour les paralyser et les conserver vivants. Elle peut en stocker jusqu'à 1 kg.

Dans un lombricomposteur, les vers peuvent vivre deux ou trois ans. Mais vous ne verrez que rarement des vers morts, car ceux-ci sont rapidement décomposés.

Dans la nature, les vers de terre sont menacés par le bétonnage des sols et l'usage de lourds engins agricoles qui compactent les sols, devenus inhabitables, provoquant la mort ou la fuite des lombrics. Les engrais minéraux ont des impacts négatifs

sur la santé des vers. Même le cuivre, utilisé en agriculture biologique contre les maladies fongiques, est toxique pour eux. Enfin, l'érosion et l'écobuage font disparaître d'immenses surfaces de sol, réduisant encore l'habitat des vers de terre. Nous en subissons aussi les conséquences, car la fertilité des sols et la biodiversité diminuent.

Jardiner en respectant les vers de terre

Voici la règle d'or pour jardiner en respectant les vers de terre : ne retournez pas votre jardin avec une bêche pleine, sous peine de détruire les galeries de lombrics et autres animaux qui aèrent le sol et laissent pénétrer l'eau. Le retournement fait remonter à la surface les animaux qui fuient la lumière, et inversement. La fragile faune du sol se retrouve sens dessus dessous et il faudra du temps avant que l'ordre ne se rétablisse, au détriment du développement optimal de vos plantes. Le fer plein de la bêche risque de blesser ou de tuer beaucoup de vers de terre. Utilisez plutôt une bêche à dents, une grelinette ou une griffe pour aérer le sol sans le retourner. Recouvrez de terre les vers ramenés à la surface par inadvertance pour protéger leur peau sensible des ultraviolets et les mettre à l'abri des oiseaux. Ils s'enfouiront tout seuls.

Paillez !

Les vers apprécient une couche de paillage sur les cultures ou sous une haie, car ils y trouvent une nourriture abondante et un sol durablement humide. De plus, le paillage les abrite des oiseaux et autres prédateurs vivant à la surface du sol.

Construire et équiper un lombricomposteur

Dans la Rome antique, on utilisait déjà les vers de compost pour décomposer les déchets organiques. En Australie, le lombricomposteur est devenu si répandu qu'on en fournit gratuitement aux ménages. En Europe, nous commençons à nous y intéresser et c'est tant mieux ! Vous trouverez dans ce chapitre deux modèles à construire vous-même (l'un en polystyrène, l'autre en bois), avec des matériaux locaux ou recyclés.

Les lombricomposteurs en plastique

Les lombricomposteurs modernes comportent plusieurs bacs superposés. Le bac inférieur collecte le liquide produit. Il est souvent équipé d'un robinet qui facilite la récupération de ce lombrithé (ou thé de ver). Ce bac de récupération possède parfois des surélévations où peuvent se réfugier les vers qui tombent dedans de temps à autre.
Les bacs du dessus sont les bacs de compostage. C'est dans ces bacs que les vers transforment les déchets en compost. Ces bacs sont identiques et peuvent s'imbriquer les uns sur les autres. Les déchets sont déposés dans le bac supérieur. Quand ce dernier est plein aux trois quarts, le compost du bac le plus bas est normalement mûr et prêt à être récolté. Une fois vidé, ce bac prend place sur le dessus où on le remplit à nouveau. Les bacs n'étant pas très hauts, le compost ne se compacte presque pas. Chaque bac est assez léger, ce qui facilite la ma-

nutention et la récolte du compost. Les interstices entre les bacs laissent passer l'oxygène nécessaire au bon déroulement du compostage. Les bacs sont généralement en polypropylène, un plastique qui a une bonne longévité.

1. Bac de compostage supérieur, où sont déposés les déchets. 2. Bac de compostage intermédiaire. Les vers ont déjà consommé et composté une grande quantité de déchets, mais tous ne sont pas décomposés : il s'agit du compost demi-mûr. 3. Bac de compostage inférieur : le compost est prêt au bout de 3 à 9 mois et se compose exclusivement des déjections des vers. 4. Bac de récupération : les déchets organiques contiennent une proportion élevée d'eau, qui s'écoule dans ce bac. Pendant son trajet, elle s'est chargée en minéraux et constitue un engrais liquide de grande qualité : le lombrithé.

Fabriquer un lombricomposteur en polystyrène

Pour ce modèle, nous nous sommes inspirés du modèle en plastique présenté dans le paragraphe précédent. Un lombricomposteur en polystyrène est très facile à fabriquer et ne coûte presque rien. Vous pouvez adapter les dimensions à vos besoins. Ce lombricomposteur se compose de quatre boîtes en polystyrène, telles qu'on en trouve chez le poissonnier ou le boucher, sur les marchés, dans les restaurants, les supermarchés, les fast-foods et les épiceries asiatiques, ou même chez certains marchands des quatre-saisons. N'hésitez pas à demander, il est probable qu'on vous en fera cadeau.

Le polystyrène est considéré comme inoffensif pour les aliments et, dans l'état actuel des connaissances scientifiques, aucune substance toxique n'est émise pendant le compostage. Mais ce matériau est relativement fragile. L'exposition au soleil le rend cassant et il tend à se fissurer, ce qui contre-indique son emploi à l'extérieur. En revanche, à l'intérieur, un lombricomposteur en polystyrène dure sans problème quelques années. Évitez toutefois de le changer trop souvent de place, car le polystyrène souffre et s'abîme plus vite. De même, les chocs et bousculades auront tôt fait de le casser.

Idéalement, procurez-vous quatre boîtes de dimensions égales et pourvues de couvercles. Vous n'aurez besoin que d'un seul couvercle, mais cela vous permettra de les tester et de choisir le plus approprié.

Les étapes de la construction sont illustrées en détail à la page 38.

Ce qu'il me faut :
4 boîtes en polystyrène
4x
1x
+ 1 couvercle
pour ça
↑ au moins aussi grand que les boîtes !!
Grillage (plastique ou métal)
3-10 mm !
pour découper
+ 1 pince coupante
Couvercle de pot de confiture
aiguille
Cutter
peinture noire
COLLE
normale
+ 1 pinceau !
COLLE À BOIS
+ 1 crayon !!

Comment faire

1. Mettez de côté l'une des boîtes ; elle restera intacte et servira de bac de récupération. Avec le couvercle de pot de confiture, tracez des cercles sur le fond des trois autres boîtes en laissant au moins 2 cm entre deux cercles.

2. Puis découpez les cercles au cutter et conservez-les.

3. Si vos boîtes ont des ouvertures sur les côtés, obturez-les avec les cercles après avoir redécoupé ceux-ci aux bonnes dimensions. Commencez par découper un gabarit en carton qui vous facilitera le tracé des ouvertures sur les cercles en polystyrène.

4. Découpez le grillage en trois morceaux de périmètre légèrement inférieur à celui des boîtes et posez-les sur le fond de celles-ci.

5. Les grilles doivent pouvoir coulisser légèrement et ne doivent pas se bomber.

6. Sous la boîte que vous avez mise de côté en 1, collez quatre cercles de polystyrène pour surélever et aérer le lombricomposteur.

7. Peignez en noir la surface extérieure de votre lombricomposteur, en plusieurs couches si besoin. Cela le rendra opaque, une mesure importante, car la lumière gêne les vers.

8. À l'aide de l'aiguille, percez le couvercle de petits trous pour assurer le renouvellement de l'oxygène à l'intérieur des bacs. Les trous doivent être assez petits pour interdire l'entrée aux mouches du vinaigre.

Construction d'un lombricomposteur en polystyrène équipé de grilles mais sans robinet.

Variante sans grillage

Au lieu d'un grillage, vous pouvez aussi percer de nombreux trous plus petits (à la place des grands cercles) dans le fond des bacs, à l'exception du bac de récupération bien sûr ! Percez le fond tous les 3 cm à l'aide d'un tournevis. Les trous doivent mesurer au moins 10 mm de large pour ne pas se boucher.

Variante avec robinet de vidange

Le modèle sans robinet sur le bac de récupération fonctionne très bien. Mais il est plus commode de récupérer le lombrithé avec un robinet (voir page suivante). Ainsi, plus besoin de soulever et de déplacer les bacs du dessus, comme montré à la p. 79, ce qui peut devenir pénible quand on composte beaucoup de déchets et que les bacs sont lourds. De plus, la vidange est plus propre. Pour ne pas augmenter le coût du composteur, nous restons fidèles aux matériaux recyclés :

1. Il suffit d'une bouteille en plastique au bouchon fermant correctement, par exemple une bouteille de 0,5 litre. La bouteille doit avoir un goulot long et de diamètre constant. Coupez les 7 cm supérieurs avec le bouchon et jetez le reste ou servez-vous en de récipient pour récupérer le lombrithé.

2. Pressez le bouchon de la bouteille sur un des petits côtés du bac de récupération afin de marquer le diamètre et l'emplacement du robinet. Celui-ci doit se trouver au milieu, juste au-dessus du fond de la boîte pour faciliter l'écoulement du liquide.

3. Découpez le cercle au cutter.

4. Appliquez un peu de colle ou de silicone sur les bords de l'ouverture.

5. Insérez le goulot dans l'ouverture à partir de l'intérieur de la boîte et pressez bien afin que la jonction soit étanche.

6. Collez les cercles de polystyrène sur le fond de la boîte : une paire du côté du robinet et deux superposées côté opposé pour incliner le bac vers l'avant.

7. Le bord supérieur du bac de récupération doit maintenant être retaillé horizontalement pour pouvoir empiler les bacs sus-jacents sans qu'ils glissent par terre. Servez-vous d'un niveau à bulle, d'un guide linéaire ou d'un morceau de carton pour tracer un trait horizontal à partir du sol. Puis découpez le rebord supérieur avec le cutter. Le bac de récupération a maintenant un rebord horizontal et les autres bacs reposeront horizontalement, tandis que son fond incliné dirigera le lombrithé vers le robinet.

Gardez le robinet fermé et vidangez régulièrement le lombrithé dans la bouteille découpée, par exemple, ou directement dans l'arrosoir. Mais si vous pouvez laisser le robinet ouvert en permanence et le liquide goutter au fur et à mesure dans le récipient, c'est encore mieux, car les vers n'aiment pas l'humidité stagnante. L'opération sera facilitée si le lombricomposteur est installé légèrement en hauteur sur un support. De cette façon, il ne fonctionne pas différemment d'un composteur du commerce. Depuis que nous prélevons plus souvent notre lombrithé, nous trouvons moins de collemboles dans l'engrais liquide.

Construction d'un bac de récupération avec robinet

Les lombricomposteurs en bois

Fondamentalement, on distingue les modèles à bac unique et les modèles à plusieurs bacs. Les lombricomposteurs étaient traditionnellement construits en bois avec un seul bac. Ces modèles ont un seul compartiment de travail dans lequel vivent et sont alimentés les vers de compost.

Ce lombricomposteur est facile à fabriquer pour un bon bricoleur. Sa grille amovible permet de récupérer facilement le compost mûr[1].

Il comporte toutefois quelques inconvénients.

• Le processus de compostage produit de grandes quantités d'eau qui doivent s'évaporer à travers les parois de la caisse en bois. Car si l'eau stagne à l'intérieur, les conditions deviennent vite défavorables aux vers et l'oxygène commence à manquer. À ce stade, le système se dérègle et commence à produire de mauvaises odeurs.

• Du fait de l'évaporation de l'eau, on n'obtient pas de lombrithé (voir p. 72 et suivantes) avec ce type de composteur.

• Une caisse en bois de ce type prend pas mal de place. Comme elle ne possède qu'une seule chambre, elle doit être relativement grande si l'on souhaite composter tous ses déchets organiques. C'est pourquoi ces caisses sont assez hautes, ce qui pose également un problème, car les vers de compost vivent essentiellement dans les 20 cm supérieurs. En outre, le substrat finit par se compacter avec l'apport constant de nouveaux déchets, créant des zones anaérobies qui peuvent produire de mauvaises odeurs.

1. Vous trouverez des explications très claires sur le site : lombricomposteur.com.

Nous avons toutefois choisi de vous proposer ce type de modèle à construire, car il reste relativement facile et nous-mêmes en avons fait bon usage. À noter que l'on trouve dorénavant dans le commerce des lombricomposteurs à un mais aussi à plusieurs bacs (à partir de 50 euros, voir Carnet d'adresses p. 124).

Fabriquer un lombricomposteur en bois

Un modèle en bois demande un peu plus d'outillage et de fournitures ainsi qu'un peu d'expérience en bricolage. Idéalement, utilisez des planches rainurées en bois non traité. Le bois doit contenir le moins de résine (du sapin, par exemple) et de nœuds possible. Choisissez des planches d'au moins 1,5 cm d'épaisseur et au mieux de 2 cm. Dans notre exemple, nous utilisons des planches d'une épaisseur de 2 cm et d'une largeur utile (sans la languette ni la rainure) de 11 cm. Percez les trous de vis à l'avance pour éviter l'éclatement du bois.
Les matériaux nécessaires sont indiqués à la page suivante. Les étapes de la construction sont illustrées à la p. 45.

Évaporation obligatoire

Pour permettre l'évaporation de l'eau, le bois doit rester perméable. Il ne doit donc être ni peint, ni verni, ni imperméabilisé. Pour la même raison, la caisse fonctionne mieux à l'extérieur, mais il faut la protéger de la pluie pour éviter le pourrissement rapide du bois.

Ce qu'il me faut

VER À BOIS

Huhu !

- **A** — 64 cm × 11 cm — 14x — fond + couvercle + grands côtés
- **B** — 42 cm × 11 cm — 6x — petits côtés
- **C** — 33 cm, 4 cm × 2 cm — 4x — pour les côtés
- **D** — 38 cm, 4 cm × 2 cm — 4x — pour le fond + couvercle
- **E** — 55,8 cm, 4 cm × 2 cm — 2x — pour le cadre grillagé
- **F** — 34 cm, 4 cm × 2 cm — 2x — pour le cadre grillagé

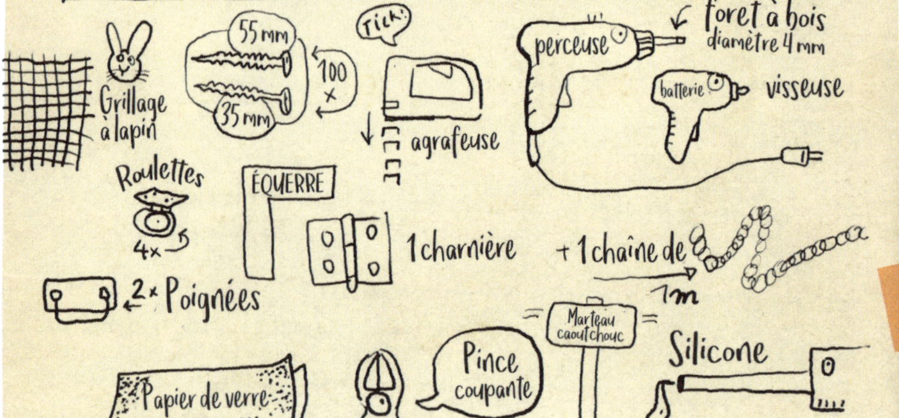

Comment faire

1. Fond : Le fond est constitué de 4 planches rainurées (A) assemblées latéralement, dont la dernière est dépourvue de languette (à scier avant). Posez dessus 2 tasseaux (D) perpendiculaires, à 3 cm des bords. Puis fixez les tasseaux en comptant 1 vis par planche, en vissant dans la planche à travers le tasseau.

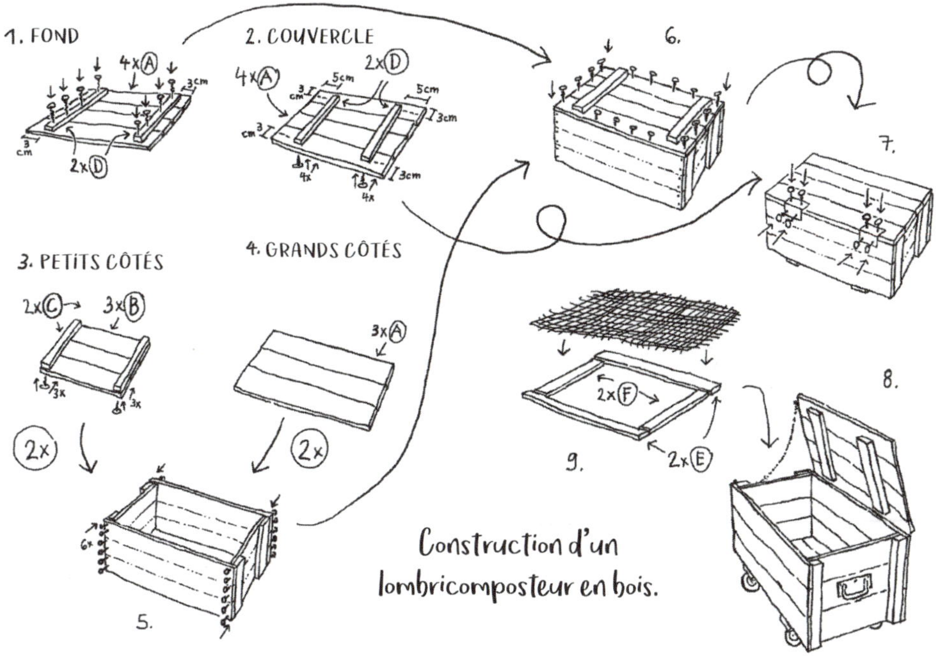

2. Couvercle : fixez ensemble 4 autres planches rainurées (A) et 2 tasseaux (D) perpendiculaires. Ceux-ci doivent se trouver à 3 cm des bords haut et bas, mais à 5 cm au moins des côtés du couvercle.

3. Petits côtés : assemblez 3 planches rainurées (B) ; celle du haut est débarrassée de sa languette et celle du bas de sa rainure ; seule celle du milieu est complète. Recommencez pour l'autre petit côté.

4. Maintenant, fixez les tasseaux perpendiculaires (C) sur les deux côtés, au ras des bords.

5. Grands côtés : assemblez 3 planches rainurées (A) ; celle du haut est débarrassée de sa languette et celle du bas de sa rainure ; seule celle du milieu est complète. Recommencez pour l'autre grand côté. Placez les petits côtés contre les grands côtés et vissez dans les tasseaux. Les quatre côtés doivent être parfaitement jointifs pour garantir l'étanchéité du coffre. Une fois les côtés assemblés, vous voici avec un cadre rectangulaire de dimensions intérieures 55 cm × 42 cm × 31 cm.

6. Fixation du fond : posez le fond sur le cadre, tasseaux vers l'extérieur et le haut ; ils serviront de pieds. Avec les vis de 55 mm, vissez le fond sur les côtés par l'extérieur ; comptez au moins 1 vis par planche, percez des avant-trous et vissez à fond.

7. Fixation du couvercle : retournez le coffre, ajustez le couvercle sur le rebord et vissez les charnières par l'extérieur dans le couvercle et dans un des deux grands côtés.

8. Chaîne, poignées et roulettes : le coffre fini a des dimensions extérieures de 64 cm × 46 cm × 35,5 cm. Une chaîne mince servira à retenir le couvercle ; elle ne doit pas être trop longue pour empêcher le couvercle de retomber de l'autre côté. Vissez les œillets de fixation à l'avant du coffre et du couvercle. Fixez des poignées sur les côtés ou des roulettes sous le fond pour faciliter la manutention. Les roulettes doivent pouvoir supporter au moins 25 kg chacune.

9. Grille : pour finir, construisez un cadre grillagé en vissant des tasseaux (E) avec des tasseaux (F). Les dimensions du coffre ayant pu légèrement bouger pendant la construction, vérifiez d'abord que le cadre glisse sans problème à l'intérieur. Si besoin, poncez les points de friction avec du papier de verre. Une fois le cadre ajusté, agrafez le grillage sur les tasseaux, puis découpez ce qui dépasse avec la pince coupante. Placez le cadre grillagé au dessus du substrat. Ne le fixez pas, afin de pouvoir le retirer pour récupérer facilement le lombricompost quand celui-ci sera mûr (voir note p. 42).

Conseil

Pour finir, vous pouvez enduire les interstices entre les planches avec un peu de silicone pour éviter les écoulements de liquide les premières semaines. Au bout de quelques jours, le bois devrait gonfler et rendre le coffre étanche.

Où placer votre lombricomposteur ?

Le choix de l'emplacement d'un lombricomposteur dépend de vos contraintes et de celles des vers. Voici les facteurs importants pour la santé de vos petits vers.

Température

Les vers de compost préfèrent vivre entre 15 et 25 °C de température ambiante ; en dessous de 0 °C et au-delà de 30 °C, la mortalité est élevée. Le lombricomposteur fonctionnera donc mieux à l'intérieur. Si vous envisagez d'installer le vôtre à la cave ou sur le balcon, il doit être à l'abri du gel.
Véranda ou grenier pouvant être très chauds en été, nous les déconseillons. À l'intérieur comme sur le balcon, il est nécessaire d'abriter votre lombricomposteur du soleil.

Humidité

Les vers respirant par la peau, ils ont besoin d'un environnement humide. Si le substrat vous paraît trop sec, mouillez-le avec un simple brumisateur.
L'excès d'humidité est également néfaste. Le substrat est collant, il ne s'aère plus assez, les vers manquent d'oxygène et tentent de s'échapper. Récoltez le lombrithé au moins une fois par semaine et ajoutez un peu de carton à vos déchets de cuisine, il absorbera une partie du liquide.
Le lombricomposteur en bois fonctionne mieux dans une pièce chauffée. En raison de la différence d'humidité entre l'intérieur et l'extérieur du coffre, le liquide diffuse en partie vers l'extérieur, où il s'évapore. En extérieur, une protection contre la pluie est indispensable, sinon les vers se noient et le bois pourrit.

Pour vérifier l'humidité, prenez une poignée de substrat (sans vers) et serrez-la fortement : des gouttes d'eau doivent en sortir. D'une manière générale, le substrat ne doit être ni spongieux ni friable.

Acidité

Le pH optimal dans le lombricomposteur se situe entre 5 et 7. Le compostage acidifie lentement le substrat, ce que les vers compensent naturellement avec leurs glandes calcifères. Mais un substrat trop acide ne leur convient pas, c'est pourquoi certains déchets végétaux, comme les écorces d'agrumes, n'ont pas leur place dans le lombricomposteur. Pour mesurer précisément l'acidité du substrat, achetez du papier indicateur (ou papier pH) en pharmacie.
Un apport de calcaire ou de Mineral Mix (voir p. 64) peut augmenter l'efficacité du lombricomposteur sans faire chuter le pH (plus il est bas, plus le substrat est acide).

Aération

Les vers de compost ayant besoin d'oxygène, l'air doit pouvoir circuler librement autour du lombricomposteur. N'enfermez pas le lombricomposteur dans un placard et ne le recouvrez pas d'un sac en plastique.

En résumé

Pour que vos vers soient actifs, installez votre lombricomposteur dans un lieu sec et bien aéré où règne idéalement une température constante entre 15 et 25 °C, comme à l'intérieur de votre logement. En décorant votre composteur, vous n'aurez pas besoin de le cacher et il deviendra même un élément de votre ameublement.
Nous avons installé notre compost dans la cuisine afin de raccourcir le trajet entre les déchets et les vers. Le lombricomposteur s'est avéré être un bon sujet de conversation avec nos invités, souvent séduits par l'idée.
Une cave, un garage ou un balcon peuvent aussi convenir dans certaines conditions. L'avantage est que le logement reste propre, notamment au moment de récolter le compost. Attention, le lombricomposteur ne doit pas se trouver près d'un lave-linge ou d'un sèche-linge, car les vibrations perturbent les vers.

Démarrage et gestion du lombricomposteur

Pour démarrer votre lombricomposteur, vous aurez besoin d'au moins 500 g de vers de compost, c'est-à-dire environ 1 000 *Eisenia fetida*. Les premiers jours, votre lombricomposteur demandera un minimum d'attention. Puis, quand l'écosystème sera stabilisé, le lombricomposteur sera quasiment autonome.

Les étapes pour bien démarrer (lombricomposteur à plusieurs bacs)

Jour 1

La première étape consiste à préparer la litière des vers sur une épaisseur d'environ 10 cm. Mélangez deux poignées de compost demi-mûr avec du carton déchiré en morceaux et de l'eau. Le compost demi-mûr contient une grande quantité de microorganismes indispensables à la décomposition, qui agiront comme activateur. Laissez tremper le mélange un quart d'heure environ dans de l'eau du robinet. Si votre eau est chlorée, laissez-la reposer une heure avant de vous en servir, le temps que le chlore s'évapore.

1. À défaut de compost, utilisez les matériaux carbonés suivants : broyat de branches, paille, feuilles d'érable ou d'arbres fruitiers, ou carton, boîtes à œufs ou papier journal découpés en morceaux. N'employez que du papier imprimé en noir. Les imprimés en couleur et le papier glacé contiennent des métaux lourds et sont totalement inappropriés. Le terreau de rempotage a peu de valeur nutritive pour les vers et contient souvent trop de sel. Quel que soit le matériau que vous utilisez, trempez-le bien avant utilisation.

2. Au bout de dix ou quinze minutes, le substrat a absorbé suffisamment d'eau. Pressez-le pour chasser l'excès de liquide, jusqu'à ce qu'il ressemble à une éponge. Posez le premier bac de compostage sur le bac de récupération et remplissez-le de substrat.

3. Le lombricomposteur est prêt à accueillir les vers. Les bacs suivants viendront plus tard (voir p. 57). Déposez les vers sur le substrat : ils vont s'enfouir rapidement pour se mettre à l'abri de la lumière. Dès que le dernier ver a disparu, ajoutez une petite quantité de déchets de cuisine (voir ce qu'ils peuvent manger p. 57 et suivantes) et refermez le bac avec le couvercle. Les vers doivent maintenant s'accoutumer à leur nouvel habitat.

Conseils

Les vers se plairont d'autant mieux dans leur maison si la surface du substrat est couverte, car cela les protège de la lumière et du sec. Une natte en chanvre est un matériau idéal : les vers la consommeront peu à peu pour produire un compost particulièrement beau et léger. De vieux mouchoirs feront aussi l'affaire. Attention au coton, abondamment traité pendant sa culture et dont les résidus chimiques se retrouveront dans le compost. Nous déconseillons son emploi, sauf s'il provient de culture biologique. Enfin, ne couvrez pas le substrat de plusieurs couches de papier : l'humidité colle les feuilles entre elles et l'oxygène ne peut plus pénétrer dans le substrat.

Un bon mélange est l'assurance du bon démarrage de votre lombricomposteur.

De la 1e à la 8e semaine

Alimentez le composteur au rythme de 250 à 500 g de déchets par semaine. La huitième semaine, les déchets du premier jour devraient être entièrement décomposés. Les vers se sont acclimatés et se reproduisent déjà. N'ajoutez pas plus de déchets que ce que les vers peuvent manger, sous peine de voir se développer moisissures et mauvaises odeurs.

Les semaines suivantes

La population continue de croître ; dans de bonnes conditions, elle double tous les 3 mois. Avec le temps, le nombre de vers s'ajuste aux quantités de déchets et se stabilise. Quand le premier bac de compostage est plein, vous pouvez poser le bac suivant par-dessus. Comme les déchets se tassent rapidement, attendez une semaine après l'apport des derniers déchets avant d'ajouter le nouveau bac. Ainsi, vous serez sûr que le premier bac sera bien rempli et que le substrat sera en contact avec le dessous du nouveau bac, permettant aux vers de passer librement d'un bac à l'autre. Quand le troisième et dernier bac est à son tour installé et rempli de déchets (au bout de 9 mois environ), il est temps de récolter le compost du premier bac (voir p. 78-79).

Comment nourrir vos vers de compost ?

D'une manière générale, les vers de compost mangent tout ce qui a été vivant. En revanche, ils ne touchent pas à la matière encore vivante (les histoires de racines grignotées par les vers sont un mythe). Ainsi, il arrive que les yeux des pommes de terre et les graines de courge germent dans notre lombricom-

posteur. Avant d'incorporer des éléments vivants, par exemple des graines germées, faites-les bouillir brièvement ou passez-les au micro-ondes.
Nous préférons cette méthode de fainéant : quand une plantule apparaît, nous brisons la tige pour l'empêcher de croître et permettre sa décomposition. Vous pouvez aussi donner les graines aux oiseaux, qui les apprécient particulièrement.

Voici ce que vos vers de compost peuvent manger ou pas

À CHAQUE REPAS	DE TEMPS À AUTRE	JAMAIS !
• matériaux contenant 25 à 30 % de carbone (papier, carton, boîtes à œufs, rouleau de papier toilette, etc.)	• restes de cuisine cuits	• produits laitiers
• restes de matériaux azotés comme les déchets de fruits et légumes, le marc de café avec son filtre, les sachets de thé sans l'agrafe, etc.	• féculents (pâtes, miettes de pain)	• viande, os, poisson
• un peu de Mineral Mix ou de calcaire	• un même déchet en grande quantité	• papier glacé et papier imprimé en couleur
	• de gros morceaux coriaces (plus longs à composter)	• ail, oignon, échalote (servent de vermifuges !)
	• cheveux et ongles	• agrumes et leurs écorces, rhubarbe et autres déchets acides
	• coquilles d'œuf broyées	• matériaux non biodégradables comme le plastique, etc.
	• morceaux de textiles non teints et en fibres naturelles	• excréments
		• aliments gras, très salés ou contenant du vinaigre

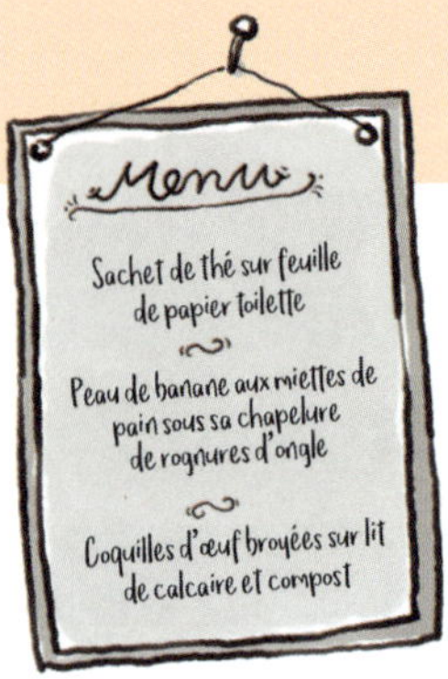

Carton et papier

Déchirez le carton et le papier journal en petits morceaux. Dans un composteur humide, on peut ajouter papier et carton sans les mouiller préalablement. Mais si votre composteur est sec, mouillez-les d'abord. L'encre noire des journaux est inoffensive pour nous comme pour les vers, car elle est presque entièrement composée de noir de carbone purifié. Elle contient aussi des résines de fixation et des solvants minéraux, mais ces derniers s'évaporent pendant l'impression, ne laissant que le noir de carbone lié à la résine.
En revanche, le papier glacé et les imprimés en couleur (y compris les serviettes en papier) contiennent presque toujours des métaux lourds, nocifs pour les vers comme pour nous. N'utilisez pas non plus de papier blanc ni de mouchoirs en papier blanchi (au moyen de produits chimiques nocifs).

Matériaux durs ou coriaces

Ne donnez pas de coquilles de fruits de mer ni de matériaux ligneux tels que les noyaux de fruits, les coques de noix ou les épis de maïs, car l'espace disponible dans le lombricomposteur est limité. Or, la décomposition de ces matériaux durs est très longue et leur accumulation finirait par occuper trop de place. Les cheveux et les ongles se décomposent aussi lentement. Ce qui n'est pas composté se retrouvera dans le compost fini. Si vous souhaitez employer ces matériaux longs à décomposer, broyez-les le plus finement possible à l'aide d'un marteau ou d'une pierre afin d'augmenter la surface de contact avec les microorganismes.

Avec une alimentation équilibrée, votre population de vers s'ajustera rapidement à la quantité de déchets.

DIÉTÉTIQUE
DES VERS
Nous sommes végétariens !
Couper en morceaux
Trop dur
Fifi
Fleurs des champs
Bio

Et les litières pour animaux ?

Les vers de compost apprécient la litière mêlée de crottes. Mais nous vous déconseillons d'en ajouter dans votre lombricomposteur, car la paille et autres matériaux de litière contiennent des fibres de bois, dont la décomposition est très lente. De plus, ce genre de substrat s'échauffe fortement à partir d'une certaine quantité, ce que les vers supportent mal. Ils cherchent à s'éloigner, mais le manque d'espace rend difficile le repli dans des secteurs plus frais. Enfin, on ne peut exclure entièrement la présence de maladies dans les crottes et l'urine, car la température n'est pas suffisamment élevée pour tuer tous les microbes.

Fleurs

Vous pouvez composter sans problème les fleurs que vous avez cueillies vous-même. Il peut arriver que des organismes indésirables comme des œufs de mouche s'introduisent avec les fleurs. Les produits du commerce sont traités avec de grandes quantités de pesticides dangereux pour la santé des vers, qui finiront par se retrouver dans votre compost. Par ailleurs, évitez d'apporter de trop grandes quantités de fleurs.
Vous pouvez aussi vider le contenu de vos pots de fleurs dans le lombricomposteur, en petites quantités. Le terreau contient en revanche trop de sel et ne peut être introduit que petit à petit.

Étiquettes

Souvent, de petites étiquettes restent collées aux peaux de banane et de pomme. Elles sont généralement en plastique et doivent être ôtées, sinon vous les retrouverez dans votre compost. Cela vaut aussi pour les étiquettes sur d'autres fruits et légumes.

Poisson, viande, os et produits laitiers

Nous déconseillons d'introduire ces produits dans votre lombricomposteur. Leur décomposition peut produire de mauvaises odeurs et attirer les indésirables. Quand vous aurez déjà un peu d'expérience, vous pourrez toutefois faire des essais avec de petites quantités.

Testé pour vous !

De temps à autre, nous ajoutons des croûtes de fromage biologique ainsi que des os bien rongés sans qu'apparaissent de mauvaises odeurs.
Nous recouvrons bien ces déchets de substrat et d'autres déchets. Nous retrouvons les os dans le compost, mais ils sont devenus très poreux. Il ne reste plus qu'à les faire sécher et à les broyer. La farine d'os ainsi obtenue peut retourner dans le lombricomposteur ou être épandue directement au jardin.

Épices, aromates et sel

Les épices et les aromates étant des matières végétales, les vers peuvent les consommer. Mais prudence avec les épices fortes comme le piment, qui peuvent irriter la peau des vers. Les aliments salés sont également déconseillés.

Sac d'aspirateur

Le sac de votre aspirateur contient surtout des matières organiques telles que cheveux, poussière et insectes. Mais il contient aussi des matières synthétiques sous forme de petites particules de plastique, de fibres synthétiques, d'écailles de peinture et autres. Le contenu du sac d'aspirateur n'a pas sa place dans le lombricomposteur.

Peluches de lavage

Avec le temps, des peluches s'accumulent souvent dans le lave-linge ou dans le sèche-linge. Beaucoup de vêtements étant au moins partiellement composés de fibres synthétiques, n'incorporez pas ces peluches dans votre composteur, sauf si vous ne lavez que des textiles comportant 100 % de fibres naturelles.

Plastiques biodégradables

Les plastiques biodégradables sont souvent fabriqués à partir d'amidon de maïs ou de pomme de terre. Mais leur décomposition est très lente, et leur dégradation totale exige de la chaleur et une exposition aux ultraviolets. Dans notre lombricomposteur, nous avons testé des couches biologiques et biodégradables : au bout d'un an, elles étaient encore intactes. Il est donc préférable de ne pas mettre de plastiques biodégradables dans votre composteur, d'autant qu'ils créent une couche imperméable à l'eau et à l'oxygène. Les microorganismes et les vers ne peuvent plus respirer correctement et des bactéries anaérobies se développent, accompagnées de mauvaises odeurs. Recyclez plutôt vos sacs biodégradables en les transformant en sacs poubelle.

Minéraux/Mineral Mix

Tout comme nous, les vers de compost ont besoin de certains minéraux. Dans la nature, ils se déplacent à leur recherche. Mais dans l'espace étroit du lombricomposteur, ils n'ont pas cette possibilité et sont dépendants de ce que nous leur donnons. Nous vous conseillons donc d'ajouter aux apports des mélanges de minéraux comme Mineral Mix (destiné aux oiseaux), qui contiennent du calcium et des oligo-éléments, en quantités insuffisantes dans les déchets de cuisine.
Si vous ne le faites pas, les vers deviendront de plus en plus petits et maigres, ils se reproduiront moins et l'écosystème commencera à se dérégler. Pour prévenir cette évolution, donnez chaque semaine une demi-poignée de mélange de minéraux. Un paquet pour dix-huit mois ne coûte que quelques euros. Ces mélanges contiennent déjà du calcaire, il n'est donc pas utile d'en ajouter par ailleurs. Pendant des années, nous nous sommes toutefois passés de ces mélanges sans que notre lombricomposteur en souffre. Les racines et les feuilles de nos légumes étant souvent souillés de terre, cela suffisait à apporter des minéraux. Mais quand nous avons essayé d'ajouter de temps à autre du calcaire et des minéraux, nous avons constaté que les vers en étaient friands et qu'ils se reproduisaient abondamment. Depuis, nous pensons que ces apports sont indispensables et nous les recommandons.

Une friandise pour vos vers !

Pour que vos vers soient pleins de vitalité, donnez-leur régulièrement un mélange de minéraux, environ une demi-poignée par semaine. Il seront plus robustes et se reproduiront plus facilement, et le compost final sera plus riche.

Certains lombriculteurs ajoutent de temps à autre un peu de terre de jardin. Cette méthode semble parfois porter ses fruits, mais cela dépend de la composition de la terre. En ajoutant par exemple une poignée d'humus forestier acide, le substrat de votre lombricomposteur peut s'acidifier trop fortement, au point de tuer tous les vers en très peu de temps.

Calcaire

La décomposition des déchets acidifie progressivement le substrat. Il faut donc rajouter régulièrement du calcaire pour neutraliser cette acidité. Les vers et les bactéries ont également besoin de calcaire pour se nourrir, d'où la nécessité d'apports réguliers de ce nutriment. Il est vendu en jardinerie sous le nom de carbonate de calcium pour quelques euros le kilo. Saupoudrez chaque semaine un peu de carbonate sur le substrat ; il sera rapidement ingéré par les vers.
L'apport de coquilles d'œuf est une pratique courante dans les élevages lombricoles : il est probable que de petites quantités de salmonelles soient présentes dans de nombreux élevages sans pour autant poser de problème. Mais vous devez savoir que vous prenez un certain risque. On peut bien sûr tuer les salmonelles en faisant bouillir les coquilles ou en les faisant chauffer au four, mais cela modifie la structure chimique des coquilles et le calcium devient difficilement assimilable par les vers. Les coquilles entières ne se décomposent pratiquement pas et on les retrouve presque intactes dans le compost mûr. D'après notre expérience, il est plus efficace de les broyer en une fine poudre après les avoir bien laissées sécher.

Attention aux salmonelles !

Dans notre lombricomposteur, nous mettons des coquilles d'œuf. Mais nous ne conseillons pas cette pratique sans réserve, car les coquilles hébergent parfois des salmonelles. Le contact avec le substrat peut ensuite transmettre ces germes pathogènes aux humains, ce qui comporte un risque notamment pour les jeunes enfants et les personnes âgées.

Déchets de légumes et de fruits traités

Idéalement, ne nourrissez vos vers qu'avec des aliments non traités, surtout si vous utilisez le compost pour vous. Les herbicides se dégradent très lentement voire pas du tout et se retrouvent ensuite dans le compost. Quant aux résidus de pesticides, ils peuvent inhiber la croissance de vos plantes vertes, de vos tomates et de vos courgettes. Les vers ont la propriété de stocker ces résidus dans leur corps et on les utilise même pour dépolluer les sols : les métaux lourds toxiques s'accumulent dans leur organisme et il n'y a plus qu'à les attirer à la surface du sol et les éliminer. Mais ce n'est pas une solution pour votre lombricomposteur.

Stocker vos déchets de cuisine

Si le lombricomposteur est éloigné de votre cuisine, une solution consiste à stocker vos déchets de cuisine dans une boîte ou un seau en plastique avec couvercle hermétique. Ainsi, les nouveaux déchets peuvent être triés sans attendre. Conservez vos déchets dans un récipient à couvercle ou, mieux encore, équipé d'un filtre laissant passer l'oxygène mais bloquant les mouches. Vous éviterez ainsi la pourriture et les mauvaises odeurs. Prévenez ensuite la pourriture en vidant régulièrement le récipient dans le lombricomposteur.

La maintenance des vers

Les vers de compost sont des animaux très peu exigeants à condition de satisfaire leurs besoins : l'intérieur du lombricomposteur doit toujours être obscur et humide ; le lombricomposteur ne doit pas être exposé aux vibrations ; le substrat ne doit pas s'acidifier ; un apport suffisant d'oxygène et de nourriture est indispensable. Les vers ne mangent pas les aliments frais, même la plus tendre feuille d'une laitue est trop coriace pour eux. Les vers ne pourront s'en nourrir qu'après que les microorganismes l'auront suffisamment décomposée et ramollie. Ils pourront alors ingérer cette « soupe » organique.

Conditions optimales pour le développement de vos vers de compost

TEMPÉRATURE	HUMIDITÉ	ACIDITÉ
- température optimale : 15 à 25 °C - la plupart des vers meurent en dessous de 0 °C et au-dessus de 30 °C - protéger du gel en hiver et du soleil en été - sur balcon, protéger des fortes variations de température	- humidité optimale : 75 à 85 % - forte mortalité en cas de sécheresse prolongée - une humidité excessive provoque un manque d'oxygène	- pH optimal entre 5 et 7 - le substrat s'acidifie à mesure que progresse la décomposition - apports réguliers de calcaire et de Mineral Mix - éviter les aliments acides

Au début, vous ne serez peut-être pas toujours sûr de bien faire les choses. Un journal de bord peut s'avérer utile. Notez entre autres les dates de vos récoltes afin de pouvoir évaluer toujours plus précisément le moment où le compost est mûr.
Voici les observations et événements à consigner dans votre journal :

1. Date, poids et nature des apports de déchets.

2. Date, poids ou volume du compost récolté.

3. Apports complémentaires (coquilles d'œuf, calcaire, farine de roche, sable, litière, etc.).

4. Comportement des vers (accouplement, rassemblement dans le bac de récupération, etc.).

Mardi 30 juillet
Petit déjeuner : épluchures de pomme et marc de café.
Puis promenade vers le fond.
Visité Fred : Édith l'a quitté et s'est installée avec les enfants dans le compost mûr.
À midi, salade et boîte à œufs. Puis écrit lettre pour me plaindre du tapage des collemb

Récolte et utilisation du lombricompost et du lombrithé

Le meilleur déchet est un déchet qu'on n'a pas produit.

L'une des motivations fréquentes pour faire son lombricompost est de produire moins de déchets, afin de protéger l'environnement et d'économiser de l'argent (en faisant baisser la taxe d'enlèvement des ordures ménagères, rêvons un peu !). Pendant le compostage, le volume initial des déchets diminue de 80 %. L'autre intérêt est de produire du compost et de l'engrais liquide. Que ce soit pour le jardin ou pour les plantes d'intérieur, vous serez enchanté par la qualité de ces deux produits. Et si vous n'en avez pas l'usage, offrez-les, vous ferez des heureux.

Le lombrithé

Les fruits et les légumes sont constitués d'eau à 80 %. Cette eau s'égoutte vers le bas, où elle est recueillie dans le bac de récupération après avoir traversé le compost mûr, dont elle a entraîné une partie des minéraux. Le liquide recueilli, ou lombrithé, peut être utilisé comme engrais liquide pour les plantes d'intérieur et de jardin. Idéalement, récoltez le lombrithé toutes les une à deux semaines, sinon il deviendra vite anaérobie, fermentera et sentira mauvais. Vous éviterez aussi que l'eau stagne et sauverez vos vers de la noyade.

Si votre lombricomposteur est équipé d'un robinet, celui-ci peut rester ouvert en permanence avec un réceptacle. Le lombrithé s'écoulera tranquillement dans le récipient et ne s'accumulera pas dans le bac de récupération, et les vers se porteront nettement mieux. Vous pouvez aussi fermer le robinet et récolter le liquide tous les deux ou trois jours. Voici comment récupérer le lombrithé d'un composteur en polystyrène dépourvu de robinet :

1. Ôtez le couvercle et posez-le par terre, il vous servira de support pour les bacs de compostage et protégera votre sol.

2. Soulevez les bacs de compostage et placez-les sur le couvercle.

3. Soulevez le bac de récupération et versez le lombrithé dans des bouteilles au moyen d'un entonnoir. Filtrez-le avec un torchon pour retenir la terre et les petits animaux du compost. Le liquide aura un meilleur aspect et vous n'aurez qu'à remettre la terre et ses habitants dans le lombricomposteur.

Une fois les bacs de compostage déposés, la vidange du bac de récupération est aisée.

Conserver votre lombrithé

Vous pouvez conserver le lombrithé dans des bouteilles, sans serrer le bouchon afin que l'oxygène puisse pénétrer. Ou bien serrez le bouchon après avoir percé un petit trou au milieu. Sans apport d'oxygène, le lombrithé fermente et produit de mauvaises odeurs. Dans ce cas, diluez le lombrithé avec de l'eau et brassez-le bien pour l'oxygéner. Le lombrithé redeviendra aérobie et cessera aussitôt de sentir mauvais. Conservez votre lombrithé de préférence dans des bouteilles en plastique. Dans une bouteille de verre fermée, la pression peut augmenter si fort que la bouteille finit par exploser ! En effet, l'absence d'oxygène favorise le développement de nombreuses bactéries anaérobies qui produisent du gaz, jusqu'au moment où la bouteille ne résiste plus à la pression.

Rappelons que dans un lombricomposteur en bois, il ne se forme pas de lombrithé, car l'eau diffuse à travers le bois et s'évapore à l'extérieur. Si besoin, vous pourrez fabriquer un peu de lombrithé en diluant du lombricompost dans de l'eau. Vous récolterez probablement plus de lombrithé que vous ne pourrez en utiliser. Filtré et transféré dans de jolies bouteilles, offrez-le à qui vous voudrez. Collez une étiquette sur la bouteille afin que le destinataire du cadeau sache comment utiliser cet engrais. Une autre solution consiste à épandre l'excédent de lombrithé sur vos plates-bandes ou espaces verts.

Utiliser le lombrithé

Le lombrithé est très concentré : ne l'utilisez jamais pur, mais, avant d'arroser, mélangez-le avec de l'eau dans une proportion de 1 pour 10. Avec une telle dilution, on parvient souvent à remettre sur pied des plantes qui végètent et à lutter contre le mildiou et la pourriture grise. Pour ce faire, brassez longuement le thé afin de bien l'oxygéner et aspergez-en directement les feuilles atteintes. Répétez cette opération une fois par semaine. Les fraises, les tomates et la vigne sont les plus réceptives à ce traitement.

Le lombricompost

Au bout de quatre à six mois se forme une bonne quantité de compost mûr. Cet engrais étant passé plusieurs fois dans l'intestin des vers, sa structure et sa composition le distinguent nettement du compost de jardin. C'est pour le différencier de ce dernier qu'on l'appelle « lombricompost ». Suivant les matériaux d'apport, c'est un engrais très efficace.

Lombricompost mûr prêt à l'emploi
dans vos plates-bandes
ou dans les jardinières de votre balcon.

Une fois le bac de compostage supérieur rempli aux trois quarts, le bac de compostage inférieur ne devrait plus contenir que de fines déjections de ver. Les gros morceaux, non encore digérés, pourront finir leur décomposition dans les autres bacs. Si vous n'êtes pas sûr du degré de maturité de votre lombricompost, le test du cresson vous renseignera (voir ci-après).

Quand votre lombricomposteur fonctionnera à plein régime, vous devriez récolter du compost mûr tous les deux à quatre mois.

Le test du cresson

Mettez un peu de compost dans un bol et répandez des graines de cresson à la surface. Arrosez doucement, couvrez le bol d'un film transparent et posez le tout dans un endroit chaud, mais pas en plein soleil. Les premiers germes se montrent au bout de trois ou quatre jours : enlevez le film transparent et n'oubliez pas d'arroser régulièrement. Si des feuilles vertes apparaissent, le lombricompost est prêt à l'emploi. En revanche, si la majorité des feuilles sont jaunes ou brunes, c'est qu'il n'est pas encore mûr.

Le test du cresson vous dira si votre compost est mûr (à gauche) ou pas encore (à droite).

Récolter le lombricompost

1. Ôtez le couvercle et posez-le sur le sol.

2. Posez les trois bacs supérieurs sur le couvercle.

3. Replacez les deux bacs supérieurs sur le bac de récupération. Dans le bac de compostage inférieur, que vous venez de récupérer, vous pouvez voir maintenant si vos vers de compost ont bien travaillé. C'est dans ce bac que se trouve le compost le plus fin.

4. Grâce à cette rotation, le bac de compostage inférieur se retrouve en haut de la pile, facilitant la récolte du lombricompost. Celui-ci contient encore quelques vers qu'il faut maintenant récupérer.

5. Exposez le bac sans couvercle pendant dix minutes à la lumière du jour ou sous une lampe. Les vers fuient la lumière et ont vite fait de se réfugier au fond du substrat. Récoltez le compost couche après couche en faisant chaque fois une pause à la lumière, afin de laisser aux derniers vers le temps de s'enfuir.
Il vaut mieux laisser les vers dans le lombricomposteur. Mais, si le tri vous paraît trop fastidieux, récoltez le compost en entier. Les vers de compost ne feront pas de dégâts dans votre jardin ni dans vos jardinières.

Le compost mûr contient aussi de très nombreux cocons, c'est-à-dire de futurs vers. Voici comment les sauver. Creusez une cuvette dans le lombricompost, remplissez-la de déchets organiques finement découpés, et attendez. Au bout de deux semaines, les vers sont éclos et se sont installés dans les déchets. Transférez ces déchets avec les jeunes vers dans le lombricomposteur. Dans un lombricomposteur qui fonctionne à plein

régime, il y a assez de vers de compost. Mais au démarrage, cette méthode peut vous aider à atteindre une population suffisante de vers. N'oubliez pas d'humidifier le lombricompost, sinon les vers n'écloront pas ou se dessécheront.

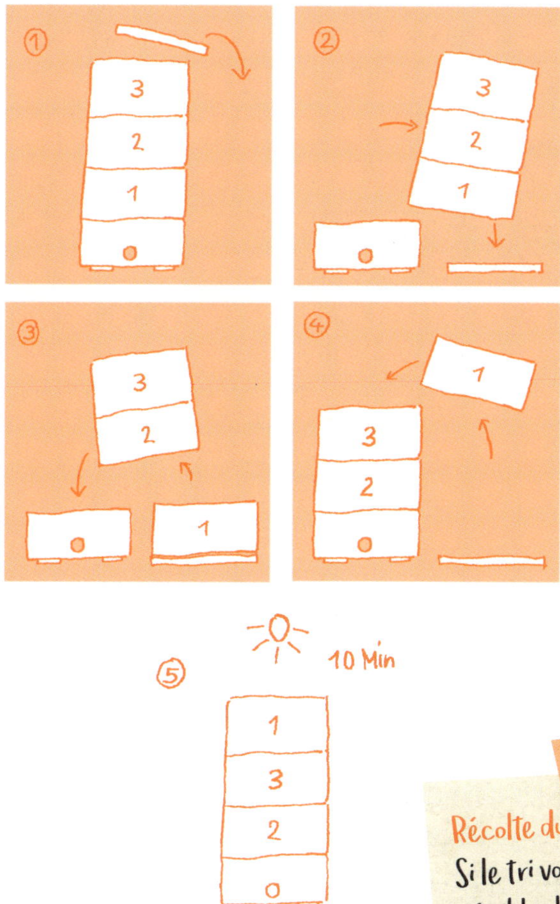

Récolte du lombricompost

Si le tri vous paraît trop pénible, les vers referont leur vie dans le jardin ou dans le pot de fleurs.

Quelles sont les propriétés du lombricompost ?

Le lombricompost est composé de matière décomposée par les microorganismes et de déjections de vers, reconnaissables à leur couleur brun foncé et à leur structure granuleuse. Plus la décomposition est avancée, plus le lombricompost contient de déjections de vers et meilleur il est. Il contient de précieux minéraux, des microorganismes et des complexes argilo-humiques.

Pourquoi les complexes argilo-humiques sont-ils si bénéfiques ?

Les vers de compost n'assimilent qu'une petite partie des nutriments présents dans le substrat. Le reste est remis à disposition des autres organismes, les plantes en particulier.

Dans l'intestin des vers, il se passe une chose déterminante : grâce à la présence de très nombreuses bactéries digestives, des liaisons se forment entre les minéraux argileux et l'humus. La matière organique de l'humus enveloppe les microparticules d'argile et les lie ensemble. Ces structures sont appelées « complexes argilo-humiques ». Elles sont très stables, entre autres parce que la matière organique ainsi liée se décompose plus lentement. Les complexes argilo-humiques ont des propriétés très bénéfiques pour le sol et les plantes : ils sont capables de fixer de nombreux minéraux, et ce sous une forme assimilable par les plantes et résistant au lessivage.

Les complexes ont également une forte capacité de rétention d'eau, et leur présence dans le sol contribue à la bonne aération de celui-ci. La structure grumeleuse qu'ils donnent au sol procure de bonnes conditions de vie à certains microorganismes qui dégradent les substances toxiques. Le lombricom-

post fixe jusqu'à 90 % des métaux lourds issus des gaz d'échappement, des boues d'épuration, de la poussière et de la pluie. De même, le lombricompost est un bon moyen de revitaliser un sol épuisé et cultivé jusque-là avec des produits chimiques. Normalement, un tel sol doit se reposer au moins trois ans avant de se régénérer. Avec une couche de paillage et des apports de lombricompost, une année suffit.

Le lombricompost stabilise le pH du sol, notamment parce que les vers excrètent dans leurs déjections du calcaire qui régule son acidification. De plus, la liaison de l'humus avec l'argile dans le complexe argilo-humique protège le sol du lessivage et de la dégradation.

Le lombricompost accroît la résistance des plantes aux maladies. Sa teneur naturellement élevée en silice renforce les parois des feuilles, ainsi moins sensibles aux insectes, aux limaces et aux maladies. De plus, les plantes ne sont pas « brûlées » par un excès d'azote. Certains microorganismes présents dans le lombricompost éliminent les maladies, agissant comme traitement préventif. D'autres bactéries s'associent avec les racines des plantes en une symbiose qui facilite l'assimilation des minéraux par la plante. Avec le lombricompost, vous introduisez dans le sol des organismes qui dévorent les œufs et les larves des insectes nuisibles, et ceux-ci se raréfient.

Que des qualités !
Le lombricompost restitue lentement ses nutriments au sol et agit sur le long terme. En effet, l'azote, le phosphore, le potassium, le calcium, le magnésium et les minéraux pénètrent très progressivement dans le sol. Enfin, le lombricompost augmente la capacité de rétention d'eau de votre terre.

En équilibrant la composition du sol, les apports de lombricompost diminuent le stress et la vulnérabilité provoqués chez les plantes par les carences en minéraux. Ainsi, le lombricompost produit des plantes robustes et en bonne santé.
Le lombricompost est aussi un moyen d'éviter la destruction des tourbières. En effet, de nombreux jardiniers achètent de la tourbe pour améliorer l'aération de leur terre, mais la tourbe est pauvre en minéraux et tend à acidifier le sol. Surtout, les tourbières sont un milieu extrêmement fragile, à la croissance très lente, qui abrite des espèces animales et végétales spécifiques et rares comme certaines plantes insectivores. Non seulement le lombricompost aère le sol aussi bien que la tourbe, mais il est riche en minéraux. Enfin, combinés avec un travail mécanique du sol, des apports réguliers de lombricompost peuvent transformer des sols argileux et compacts en terre fine et grumeleuse.

Le lombricompost améliorant la capacité de rétention d'eau de votre terre, vous aurez moins besoin d'arroser vos plantes et elles résisteront mieux à une sécheresse prolongée.
Parallèlement, les apports améliorent les conditions de vie des lombrics de votre jardin. Un plus grand nombre de vers, c'est une meilleure aération du sol et une meilleure pénétration de l'eau de pluie grâce aux très nombreuses galeries creusées par les lombrics.
Enfin, notre expérience montre que presque toutes les plantes fertilisées avec du lombricompost sont plus belles, plus saines et ont un meilleur rendement.
Faites cette expérience surprenante : prenez une poignée de lombricompost et comprimez-la fortement. Vous serez étonné par la quantité d'eau qui s'en échappe. Cela s'explique par les liaisons qui s'établissent entre les particules et l'eau.

Un emplâtre pour les arbres

Avec les substances antibactériennes qu'il contient, le lombricompost peut être utilisé comme emplâtre sur les blessures des arbres. Mouillez un peu de lombricompost et appliquez-le sur la blessure en couche de 25 mm d'épaisseur. Maintenez l'emplâtre avec une bande de gaze. La blessure sera ainsi protégée et soignée. Vous pourrez enlever l'emplâtre au bout de quelques mois.

Utiliser le lombricompost

Suivant sa composition, le lombricompost est un améliorateur de sol ou un engrais organique, mais ce n'est pas du terreau de rempotage. En règle générale, on peut enrichir la terre avec 10 à 20 % de lombricompost. Des études scientifiques ont montré qu'un apport de 5 % de lombricompost augmente déjà la croissance des plantes et leur rendement. Mais le mieux est l'ennemi du bien. Pur ou en forte teneur (à partir de 75 %), le compost provoque le dépérissement des plantes.

Incorporez le lombricompost dans les couches superficielles du sol, mélangez-le avec de la terre fraîche ou couvrez-le d'un paillage, car ses habitants n'aiment pas être exposés à la lumière et, de plus, c'est dans les 20 cm supérieurs du sol que la plupart des plantes se nourrissent. Le lombricompost ameublit aussi le sol : épandez-le dès l'automne sur vos plates-bandes et couvrez-le d'une couche de paillage. Une fine couche de compost suffit largement. Si vous épandez le lombricompost au printemps, enfouissez-le légèrement en surface.

Pour une efficacité optimale, votre compost doit toujours être légèrement humide et ne jamais sécher complètement. Idéalement, épandez-le après une averse, il restera humide plus longtemps. Étaler le lombricompost avant la pluie ne sert à rien, car il sera rapidement entraîné en profondeur.

Plantes en pot

Suivant le volume du pot, épandez une à trois cuillères à soupe de lombricompost à la surface du substrat. Enfouissez-le légèrement avec une fourchette et arrosez. Répétez la procédure de temps à autre.

Si vous préparez un nouveau pot, profitez-en pour fabriquer votre propre substrat avec 1 part de lombricompost, 1 part de sable pour le drainage et 8 parts de terre. Un rapport compost/substrat de 1/10 est bien suffisant pour les plantes en pot.

Testé pour vous !

Grâce à ces apports, nous avons donné une nouvelle vie à nos plantes vertes : alors qu'elles végétaient, deux semaines plus tard leurs feuilles étaient redressées, elles avaient pris une belle couleur verte et leur croissance était vigoureuse. Ce résultat rapide nous a surpris nous-mêmes.

Au jardin

Les légumes et les fruits n'ont pas tous les mêmes besoins en minéraux. Les plantes gourmandes ont besoin d'importants apports de nutriments. C'est le cas des tomates, fraises, courges, concombres et courgettes : un apport généreux de lombricompost les comblera. Les plantes moins gourmandes n'ont pas besoin d'autant de lombricompost. Enfin, les plantes sobres se passent de compost ; donnez-leur de toutes petites quantités afin qu'elles profitent elles aussi des microorganismes aérobies.

Une autre solution consiste à enfouir le lombricompost dans les plates-bandes avant les semis ou la plantation. Les outils les mieux adaptés à ce travail sont la bêche à dents et la grelinette. Épandez une fine couche de compost à la surface de la terre, plantez la bêche à dents ou la grelinette et poussez-la vers l'avant et vers l'arrière afin de faire pénétrer le compost et l'air. Il ne faut surtout pas retourner la terre, afin qu'elle conserve sa stratification naturelle.

Les organismes qui peuplent le lombricompost ne supportent pas la lumière, il faut donc toujours recouvrir le compost avec une couche de paillage qui protégera aussi la terre de l'érosion et du dessèchement. Vous pouvez utiliser de la paille, des feuilles mortes, des écorces d'arbre, du broyat de bois ou des tontes de pelouse. Pour finir, le paillage attire de très nombreux lombrics qui ameubliront votre terre de jardin et la fertiliseront avec leurs fines déjections.

Avant de semer, épandez une fine couche de lombricompost dans les sillons. Pour fertiliser une pelouse, tondez-la un peu plus court que d'habitude, épandez une mince couche de lombricompost (environ 1 cm d'épaisseur) et étalez-la de manière homogène avec un râteau à feuilles. Cette procédure apporte de nombreux minéraux au sol et à l'herbe. Avec le temps et les apports réguliers de lombricompost, de nombreux lombrics et autres organismes s'installent, aérant le sol et produisant de l'humus. Mais si vous enlevez les tontes d'herbe et que vous n'apportez pas de compost, votre sol ne cessera de s'appauvrir. Laissez tranquillement les tontes sur place, vous rendrez ainsi à la terre ses nutriments et vous la fertiliserez sans aucun effort. Les vers de terre profiteront de la manne et tireront les parties mortes dans les profondeurs pour les manger.

L'emploi d'une bêche à dents ou d'une grelinette est moins destructeur que de retourner la terre en tuant de nombreux vers de terre.

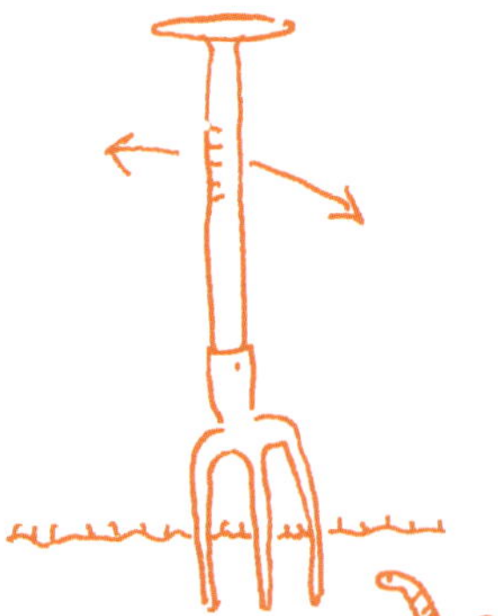

Pour fertiliser les arbres et arbustes fruitiers, sachez qu'un arbre absorbe principalement les minéraux au niveau où s'arrêtent ses branches, c'est-à-dire en bordure de la couronne de feuilles. C'est là que la pluie tombe sur le sol sans être interceptée par le feuillage. Au printemps ou à l'automne, déposez une mince couche circulaire de compost dans cette zone, enfouissez-la superficiellement et arrosez. Si vous avez peur de blesser les racines, recouvrez le compost d'une couche de paillage. Grâce au supplément de nutriments, l'arbre subira moins la concurrence des herbes et des plantes basses poussant sous la couronne et son rendement sera meilleur.
Avant de planter un arbre ou un arbuste, ajoutez le lombricompost dans le trou de plantation. Évaluez le volume de terre excavée et versez l'équivalent de 10 à 20 % de compost dans le trou.

À savoir

Les arbres et les arbustes tolèrent les apports de compost jeune, pas encore mûr. Ainsi, si vous produisez trop de déchets et que vous avez besoin de vider d'urgence un des bacs de compostage, vous pouvez prélever du compost demi-mûr, qui contient encore de gros éléments non digérés, pour l'épandre à leurs pieds.

Quelle est la différence entre le compost de jardin et le lombricompost ?

Un tas de compost, tout comme un lombricomposteur, grouille de toutes sortes d'organismes. Ces détritivores (ou décomposeurs) se jettent sur les déchets organiques, les fragmentent et les digèrent. Leurs déjections alimentent d'autres organismes en une chaîne de décomposition qui fragmente et digère toujours plus finement les déchets. Un tas de compost abrite aussi des vers de terre qui se régalent de ces débris. On y trouve également quelques vers de compost. Mais la plus grande différence entre le compost de jardin et le lombricompost n'est visible qu'au microscope.

La décomposition de la matière organique implique à la fois des bactéries aérobies (qui aiment l'oxygène) et des bactéries anaérobies (qui fuient l'oxygène). Dans un tas de compost, l'oxygène présent est rapidement consommé pendant la phase chaude initiale. Le dioxyde de carbone (CO_2), plus lourd, tombe vers le fond où il empêche une décomposition aérobie, et seules les bactéries anaérobies peuvent poursuivre la décomposition. Si la phase chaude est trop courte, ou même absente par manque d'oxygène, la stérilisation du compost n'a pas lieu et les graines de mauvaises herbes peuvent survivre.

Dans un lombricomposteur, en revanche, la population de vers est beaucoup plus dense. Le substrat est en permanence remué et aéré par leurs déplacements, ce qui renouvelle l'oxygène. Ainsi, les bactéries aérobies, sans cesse redistribuées par les vers, fixent beaucoup plus efficacement et sans réchauffement important les minéraux dans le complexe argilo-humique. Le lombricompost de couleur brune et d'odeur agréable passe plusieurs fois dans l'intestin des vers : il est ainsi beaucoup plus mûr et concentré que le compost de jardin. Les éléments étant mieux fixés, en particulier l'azote, le lombricompost ne « brûle » pas les plantes, ce qui peut arriver avec un compost de jardin insuffisamment mûr.

L'absence de phase chaude dans un lombricomposteur ne garantit pas la stérilisation des graines de mauvaises herbes : évitez d'en mettre avec vos déchets.

Conserver le lombricompost

À l'intérieur d'un logement, le lombricomposteur produit régulièrement du compost, même en hiver. Il est bien sûr possible d'utiliser le lombricompost toute l'année, mais vous n'en aurez guère besoin avant le printemps.

Le lombricompost se conserve sans problème pendant l'hiver, à condition de rester humide et aéré pour garder en vie les organismes qu'il contient. Stockez-le dans des sacs en textile synthétique, en tissu ou en matériaux naturels comme la jute ou le chanvre. Attention, beaucoup de sacs sont traités avec des herbicides toxiques pour les microorganismes ; lavez-les bien avant de les utiliser. Dans le commerce, on trouve des sacs perméables en plastique qui rendent de bons services.

Vous pouvez aussi stocker le lombricompost dans une caisse en bois non traité, sans dépasser une épaisseur de 20 cm, et en le recouvrant d'un tissu ou de carton pour éviter le dessèchement.

Entreposez votre lombricompost dans un local frais et obscur, par exemple à la cave. Retournez-le tous les deux mois et humidifiez-le légèrement de temps à autre. Un lombricompost desséché est relativement dur et perd ses précieuses propriétés. Les nutriments sont toujours présents, mais ils doivent être retravaillés longuement par les organismes vivant dans la terre du jardin. Au-delà de six mois de stockage, le lombricompost perd en qualité.

Jusqu'à la saison suivante
On peut stocker sans problème le lombricompost quelques mois dans un lieu frais, obscur et humide.

Expérimentez avec vos enfants !

Dans ce chapitre, nous vous proposons quelques idées pour encourager vos enfants à découvrir la vie et le comportement des vers de compost. Certaines de ces expériences peuvent être reproduites à l'école.

Quelle plantation pousse le mieux ?

• Préparez avec vos enfants deux petits pots de cresson. Dans l'un, mettez de la terre de jardin, dans l'autre un mélange de terre et de lombricompost dans une proportion de quatre cuillères à soupe de terre et une de compost. N'oubliez pas de marquer les pots pour les reconnaître. Déposez quelques graines sur le substrat et arrosez bien. Les jours suivants, rappelez à vos enfants d'arroser régulièrement. Observez ensemble ce qui se passe : dans quel pot le cresson pousse-t-il le plus vite et se porte-t-il le mieux ?

• Voici une expérience adaptée aux plus grands : comparez l'efficacité du lombrithé pur ou dilué. Vous aurez besoin de 9 godets de semis (ou découpez les 10 cm inférieur de briques de lait ou de jus de fruit), de terreau de rempotage, de lombricompost, d'eau, d'un arrosoir, d'une cuillère et de grosses graines (par exemple de tournesol ou de courge) et de deux cageots en plastique (ou, à défaut, de moules à gâteaux ou de cageots en carton tapissés de sacs en plastique). Les godets ou les briques doivent être percés de trous d'écoulement ; perforez-les avec un clou ou une paire de ciseaux.

Remplissez tous les godets de terreau. Déposez trois graines par godet et recouvrez-les d'un peu de terreau. Faites trois lots de godets et plantez chaque fois trois écriteaux avec les légendes suivantes :
– 100 % d'eau
– 100 % de lombrithé
– 80 % d'eau et 20 % de lombrithé
Les semaines suivantes, demandez aux enfants d'arroser les pots avec les liquides correspondants. Si, dans chaque pot, plus d'une graine germe, gardez la plantule la plus vigoureuse. Au bout de quatre semaines, vous devriez constater des différences importantes quant à la hauteur des plantes et l'abondance du feuillage.
• De la même manière, vous pouvez étudier l'efficacité du lombricompost. Remplissez trois pots de chacun des mélanges suivants et marquez-les :
– 100 % de terre de jardin (pas de terreau, qui contient déjà du compost)
– 100 % de lombricompost
– 10 % de lombricompost, 10 % de sable et 80 % de terre de jardin
Pour votre test, n'employez que de la terre de jardin. Vous pouvez aussi expérimenter d'autres proportions, par exemple 100 % de sable, 50 % de lombricompost et 50 % de terre, ou autres. Mettez trois graines dans chaque pot, demandez aux enfants de les arroser régulièrement et observez ce qui se passe pendant au moins un mois. Au bout de quatre semaines, observez la hauteur des plantes et l'abondance du feuillage.
En principe, les plantes fertilisées avec le lombrithé ou le lombricompost ne sont pas plus grandes que les autres, mais elles sont plus robustes, leur vert est plus intense, elles ont un peu

plus de masse foliaire et semblent en meilleure santé. Si vous avez assez de place dans votre jardin, vous pouvez poursuivre l'expérience jusqu'à la récolte et comparer les quantités ainsi que la taille, la couleur et le goût des produits récoltés.

Conseils

En intérieur, on peut réaliser ces expériences toute l'année. Mais en hiver, quand les plantes manquent de lumière, elles s'étiolent facilement : elles s'allongent sur une tige très mince et restent pâles. Il vaut mieux réaliser l'expérience contre une fenêtre ou mieux, dehors, du printemps à l'automne. Si elle a lieu en avril-mai, les jeunes plants de courge pourront même être repiqués au jardin.

Observer la vie du sol à la loupe

Observez ensemble les vers, les jeunes et les cocons sous une loupe. Les autres organismes du sol valent également le coup d'œil. Dans un pot à confiture large ou dans une boîte de Petri, placez un filtre à café légèrement imprégné d'eau afin de garder les animaux à l'humidité pendant l'observation.

Lavez rapidement les vers sous l'eau tiède et placez-les dans le récipient. Observez-les en détail. S'ils tentent de s'échapper, vissez un peu le couvercle. Demandez à vos enfants de dessiner les vers, cela les aidera à faire attention aux détails, par exemple la différence d'aspect entre l'avant et l'arrière du corps. Les plus grands peuvent nommer les différentes parties du corps sur le dessin.

Avec un matériel simple, il est possible d'observer l'intérieur des vers. Choisissez un ver jeune ou très jeune, plus transparent. Versez une mince couche d'eau dans un verre, une assiette en verre ou une boîte de Petri et illuminez le ver par en dessous avec une lampe de poche, révélant certains de ses organes et ses artères. L'intestin, dans lequel la nourriture est digérée, est visible sous forme d'une longue ligne brune au centre du corps. Vous apercevrez d'autres détails sous une forte loupe ou avec un microscope.

À savoir

L'exposition à la lumière forte est très stressante pour le ver : limitez l'observation à quelques secondes, puis remettez le ver dans le lombricomposteur pour qu'il ne se déshydrate pas.

Bocal d'observation

Avec ce bocal à compost, l'observation devient très facile. Prenez un grand bocal d'au moins 1 litre de contenance (bocal à conserve ou autre) ou encore un seau à bonbons transparent. Recouvrez le fond de petits morceaux de carton pour absorber l'excès d'eau. Puis remplissez de lombricompost demi-mûr jusqu'aux deux tiers de la hauteur.

Placez quelques vers de longueurs différentes à la surface (environ 5 vers par litre). Regardez-les s'enfouir.

Puis recouvrez le compost de déchets de fruits et de légumes avec un peu de marc de café. Ne refermez surtout pas le bocal avec un couvercle-visseur, les vers mourraient asphyxiés. Posez

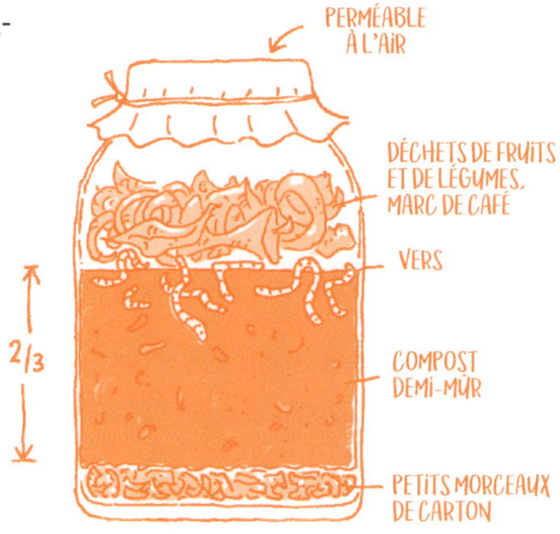

un torchon dessus et attachez-le avec un élastique autour de l'ouverture. Placez le bocal à température ambiante dans une pièce sombre ou obscurcissez la paroi avec du carton ou un torchon. En le retirant, vous pourrez observer brièvement les vers sous un faible éclairage, si possible en lumière rouge. Le verre interdit le contact direct mais vous permet de voir les vers se déplacer en profondeur dans leurs galeries, de voir où ils déposent leurs déjections, où ils se tiennent à tel ou tel moment de la journée et bien plus. Brumisez la surface du compost tous les trois jours pour maintenir une humidité suffisante. De temps à autre, enfouissez des morceaux de carton dans le compost pour absorber l'eau en excès. Vous pourrez ainsi laisser les vers quelques semaines dans le bocal, puis remettez-les simplement dans le lombricomposteur.

Comment réagissent les vers ?

Un lombricomposteur est une source de curiosité pour les enfants de tous âges.

Prenez les animaux destinés à l'expérience avec la main pour ne pas les blesser. Si cela vous dégoûte, enfilez des gants en plastique ou en latex non poudrés. Ne gardez jamais le ver longtemps hors du composteur pour éviter la déshydratation ; le cas échéant, changez de ver. Placez toujours le ver sur un support mouillé, par exemple un filtre à café ou un mouchoir humide recouvrant une assiette.

Les mouvements du ver s'observent très bien à l'aide d'un rétroprojecteur lumière du jour. Brumisez la surface vitrée du rétroprojecteur avec un peu d'eau et posez le ver dessus. Il sera projeté sur le mur sous forme d'ombre géante, amplifiant ses mouvements. La lumière stresse énormément le ver, qui cherchera à lui échapper. Pour ne pas le tourmenter outre mesure, l'exposition à la lumière doit être brève. Il est très intéressant

d'enregistrer les mouvements : prenez plusieurs photos en rafale et regardez-les toutes ensemble. Le résultat sera encore meilleur si vous filmez les mouvements pour les repasser au ralenti.
Pour se déplacer, le ver s'aide de ses soies. Pour les sentir, passez doucement le doigt d'abord sur le dos, puis sur le ventre de l'animal. Le dos est lisse et visqueux, tandis que le ventre est sec et que les doigts glissent moins facilement à cause des soies. Avec un bon éclairage, on peut les voir à l'œil nu. Et en posant le ver sur une feuille d'aluminium, vous pourrez même les « entendre », sous forme d'un léger grattement.
Leurs organes des sens fonctionnent différemment des nôtres : pour les enfants, c'est une découverte surprenante. Demandez-leur de crier ou de taper dans les mains à côté d'un ver, en vous arrangeant pour que le courant d'air ne touche pas le ver. Il ne réagira pas au son, car il n'a pas d'ouïe. En revanche, il réagit aux vibrations, ce qui lui permet de détecter l'approche des prédateurs. Posez le lombricomposteur ouvert sur une table et tapotez celle-ci avec la main : les vers réagissent en s'enfouissant.
Les vers réagissent aussi vivement à la lumière. Pliez une feuille de papier en forme de toit. Placez un ver à demi sous le toit, avec la moitié antérieure au-dehors, et éclairez celle-ci avec une lampe de poche. Le ver se réfugiera vite sous le toit. Les vers sont également capables de repérer la nourriture. Plongez un bâtonnet d'ouate dans de l'eau vinaigrée, un autre dans de l'eau salée et un troisième dans de l'eau sucrée, puis posez-les côte à côte près de l'avant du ver. Il peut se

Les oiseaux le savent aussi
Les merles tapotent le sol avec leurs griffes en imitant les vibrations de gouttes de pluie. Le ver sort de terre et finit dans le bec de l'oiseau.

passer un peu de temps avant que le ver ne réagisse, révélant une aversion pour le salé et l'acide. Ne forcez pas le ver à toucher la ouate, car le liquide peut endommager sa peau.

Est-ce que les vers se noient dans l'eau ?

Voici l'occasion d'une expérience spectaculaire. Remplissez un saladier avec de l'eau fraîche et fouettez vigoureusement l'eau pour y dissoudre de l'oxygène, puis plongez doucement un ver dans l'eau. Comment réagit-il ? Remplissez un autre saladier d'eau tiède (pas plus de 21 °C) et fouettez-la aussi vigoureusement, car l'eau tiède contient moins d'oxygène que l'eau froide, et plongez-y un autre ver. Cette expérience permet de voir la dépendance des vers à la température ambiante, car le ver dans l'eau froide a des mouvements nettement plus lents. Les vers survivent quelque temps dans l'eau, car ils absorbent l'oxygène dissous à travers la peau.

Une autre expérience : mettez plusieurs vers en même temps dans le saladier et observez comme ils recherchent le contact de leurs congénères, ce qu'ils font aussi sous terre ou dans le compost. Faites la même expérience dans une assiette creuse sans eau : ils vont probablement se rassembler assez vite.

Ces idées sont là pour encourager vos propres expériences et celles de vos enfants. Mais n'oubliez pas qu'il s'agit d'êtres vivants. Manipulez vos vers avec douceur et remettez-les peu après dans le lombricomposteur, où ils pourront se reposer. Ne les exposez pas trop longtemps à la lumière et au sec. Les ultraviolets contenus dans la lumière du jour endommagent leurs tissus. Les vers se déshydratent très facilement. Utilisez un ver différent pour chaque expérience.

Gagnez de l'argent avec votre lombricomposteur !

Certaines écoles ou jardins d'enfants gagnent un peu d'argent en organisant vide-greniers ou brocantes. Profitez de l'occasion pour vendre du lombricompost et des vers pour la pêche, et aussi pour sensibiliser les gens à ce mode de compostage à la maison. Vendez aussi du lombrithé : demandez à vos enfants de récolter à l'avance des emballages vides, notamment des briques de jus de fruit ou des bouteilles en plastique au bouchon percé de un ou deux trous. N'utilisez pas de bouteilles en verre à cause du risque d'éclatement. Au lieu de percer des trous, vous pouvez aussi visser les capsules sans serrer ; dans ce cas, transportez-les calées les unes contre les autres dans un carton pour éviter de les renverser.
Vous susciterez la curiosité pour votre stand en exposant votre lombricomposteur. Il faut aussi une personne capable de répondre aux questions. Enfin, nous avons constaté que quelques livres pour enfants et des photos attiraient aussi l'attention des visiteurs. Afin que les produits vendus soient correctement utilisés, collez les instructions d'emploi sur l'emballage.

Foire aux questions

Dans ce dernier chapitre, nous avons réuni les questions les plus fréquentes, pour que ce livre soit votre ouvrage pratique de référence.

Quelles quantités mangent les vers de compost ?

D'après notre expérience, 500 g de vers consomment chaque jour 100 g de déchets frais. La population de vers s'ajustant à la quantité de nourriture, vous pouvez augmenter progressivement celle-ci.

Peuvent-ils manger davantage ?

Une fois que votre lombricomposteur fonctionne depuis quelques mois et a trouvé son équilibre, voici les mesures qui peuvent inciter vos vers à manger plus de déchets.

- Installez le lombricomposteur dans une pièce entre 15 et 25 °C, c'est-à-dire l'écart de températures optimal des vers de compost et des bactéries.
- Découpez les déchets en petits morceaux au couteau ou avec un robot ménager avant de les mettre dans le composteur. Cela augmentera la surface de contact des aliments, les bactéries s'y installeront plus vite et la décomposition sera plus rapide.
- Recouvrez les déchets frais d'une natte en chanvre. Sous la natte règnent les conditions idéales pour le déroulement de la décomposition.
- Ne mettez ni agrumes, ni oignons, ni poireaux, ni ail dans le composteur. Les vers les évitent et ne les mangent que s'il n'y a rien d'autre.

- Complétez chaque semaine avec une bonne poignée de Mineral Mix. Ce supplément de minéraux, d'oligo-éléments et de calcium, que l'on donne habituellement aux oiseaux, stimule la multiplication des bactéries et des vers.
- N'oubliez pas d'ajouter un bac supplémentaire à votre lombricomposteur : si votre colonie de vers se développe, il lui faut davantage de place.

Puis-je leur donner mes déchets de jardin ?

Le volume d'un lombricomposteur est plutôt calculé pour composter les déchets de cuisine. Mais il est possible de lombricomposter les déchets de jardin mous. Sachez cependant que certaines graines et maladies survivent à la décomposition, car la température n'est jamais très élevée dans un lombricomposteur.

Les déchets durs tels que le bois, même broyé, n'y ont pas leur place. Il faut en effet des années pour que ces matériaux se transforment en humus.

Inversement, vous pouvez stimuler votre tas de compost du jardin en y transférant des vers de votre lombricomposteur. Ne prélevez pas plus du tiers des vers de votre lombricomposteur afin qu'il se repeuple rapidement.

Est-ce que je risque d'avoir trop de vers ?

La population de vers de compost s'ajuste à la quantité de nourriture qu'on leur propose. Vous ne pouvez donc pas avoir « trop » de vers. Une fois que votre lombricomposteur a trouvé son équilibre, vous en avez le nombre qu'il faut.

Comment prélever les vers de mon lombricomposteur ?

S'il s'agit de pêcher, le plus simple est d'ouvrir le lombricomposteur et d'y piocher quelques vers. Mais si vous avez besoin de plus de vers, par exemple pour démarrer un autre compost, voici comment procéder.

Tant que le compost n'est pas complètement mûr, beaucoup de vers vivent dans les déchets décomposés des bacs de compostage inférieurs. Pour démarrer un autre lombricomposteur, le plus simple est d'y transférer le tiers du compost demi-mûr avec les vers qui l'habitent. Le compost demi-mûr contient également de nombreux autres organismes importants et fournit un abri aux lombrics.

Ce procédé ne demande pas beaucoup d'efforts, mais son inconvénient est que vous ignorez combien de vers vous transférez. La population du premier lombricomposteur se reconstituera vite, mais si vous transférez trop de vers, la décomposition des déchets sera nettement ralentie. Inversement, si vous transférez trop peu de vers, la population du nouveau lombricomposteur se multipliera lentement.

Dans son livre *Les vers mangent mes déchets* (2007), Mary Appelhof propose une méthode efficace mais assez fastidieuse : étalez par terre une bâche en plastique et versez-y le compost demi-mûr ou mûr. Divisez le compost en plusieurs petits tas et exposez-les quelques minutes à la lumière d'une lampe. Les vers chercheront à échapper à la lumière et s'enfouiront au fin fond des tas.

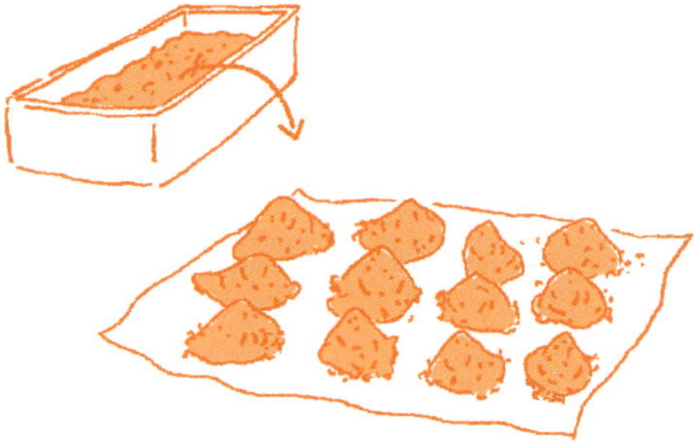

1. Maintenant, enlevez la partie supérieure de chaque tas en brossant la terre vers le bas.

2. Les vers vont s'enfouir un peu plus bas.

3. Enlevez de nouveau la partie supérieure de chaque tas.

4. Recommencez jusqu'à ce qu'il ne reste plus que les vers. Ils essaieront de se soustraire à la lumière et se tortilleront les uns sur les autres.

5. Récoltez les vers dans un récipient.

6. Pesez votre récolte. Vous savez maintenant précisément combien de vers vous avez (en poids). Aussitôt après la pesée, placez les vers dans la litière fraîche que vous aurez préparée à l'avance afin qu'il ne se déshydratent pas.

Fastidieux mais efficace : un moyen de récolter les vers et de garder un œil sur la population de votre lombricomposteur.

Peser les vers

Pour connaître la quantité de vers dans votre lombricomposteur, placez alternativement le bac supérieur et le bac intermédiaire sur le bac de récupération. Enlevez le compost couche après couche en faisant des pauses régulières pour éclairer le substrat. Les vers se réfugieront dans le bac de récupération où vous pourrez les récolter et les peser.

Comment démarrer une mini-ferme à lombrics ?

Entretenir un petit élevage chez soi n'est pas bien compliqué. Il suffit d'un peu de place pour installer la « station d'élevage ». Remplissez un seau avec du carton découpé en morceaux et du compost demi-mûr, dans lequel se trouvent déjà des cocons et quelques vers. Si besoin, ajoutez d'autres vers de votre lombricomposteur. Il n'est pas nécessaire de mouiller le carton, car il finira par s'humidifier. Puis exposez les vers à la lumière afin qu'ils s'enfouissent dans le substrat, ajoutez encore un peu de déchets de cuisine et recouvrez le seau d'un torchon. Celui-ci laissera respirer les vers mais les empêchera de s'évader.
De temps à autre, vérifiez le niveau d'humidité dans le seau et ajoutez des déchets, du carton et du Mineral Mix. Dans un tel seau, les vers se multiplient et croissent sans problème et se gardent plusieurs mois. De plus, il est facile à transporter et à offrir.

Puis-je partir en vacances ?

Vous pouvez vous absenter jusqu'à huit semaines sans problème. Avant de partir, donnez à vos vers une grande quantité de déchets. En prévision d'une absence prolongée, mettez aussi plusieurs journaux préalablement trempés, mais ils ne doivent pas recouvrir plus de la moitié de la surface du substrat. Videz le bac de récupération et placez un seau sous le robinet ouvert pour empêcher l'eau de s'accumuler à l'intérieur. En hiver, si vous arrêtez de chauffer en votre absence, les vers risquent de geler : déménagez votre lombricomposteur chez une personne de confiance.

Mes vers se noient dans le bac de récupération. Que faire ?

Il arrive que des vers tombent dans le bac de récupération rempli de lombrithé et se noient. La plupart du temps, il suffit de vider le bac de récupération une fois par semaine. Certains lombricomposteurs possèdent des surélévations (ou « îles de sauvetage ») qui permettent aux vers de retourner dans le bac sus-jacent.

Vous pouvez copier cette idée pour votre lombricomposteur en posant de grosses pierres dans le bac de récupération. Choisissez des pierres plates et assez hautes pour émerger du liquide et placez-les contre le bord du bac afin que les vers puissent grimper vers l'étage supérieur.
Il peut aussi arriver que les vers cherchent la fraîcheur dans le bac de récupération parce que le lombricomposteur est au soleil et que l'intérieur s'échauffe. Dans ce cas, déplacez votre composteur dans un endroit ombragé et plus frais.

Il y a beaucoup de vers blancs dans mon lombricomposteur, puis-je y remédier ?

Les petits vers blancs sont des enchytrées. Ils sont plus nombreux quand le substrat s'est acidifié. Vérifiez le pH dans votre lombricomposteur. S'il est trop bas (acide), des apports de calcaire ou de Mineral Mix le rendront plus neutre.

Il y a des fourmis dans mon lombricomposteur, comment les limiter ?

Si votre lombricomposteur se trouve à l'extérieur, des fourmis peuvent y pénétrer et même y faire leur nid. C'est signe qu'il est trop sec. Les fourmis sont attirées par les fruits sucrés comme les pommes, les nectarines, les prunes, les poires et autres. Elles ne s'en prennent pas aux vers mais leur font concurrence pour la nourriture.
Pour éviter une invasion, il suffit de garder le composteur humide. Si les fourmis sont têtues, placez les pieds du composteur dans l'eau pour leur barrer le passage. Et si un nid entier s'est installé, retirez-le mains gantées et déposez-le sous un buisson ou sous une haie de jardin. Les quelques fourmis isolées qui restent ne survivront pas en l'absence de leur colonie.

Je n'ai pas de lombrithé, pourquoi ?

Rappelons que dans un lombricomposteur en bois, l'eau s'évapore à travers les parois (voir p. 42) et vous n'obtiendrez pas de lombrithé. Pour les autres lombricomposteurs, il faut un certain temps pour que le liquide s'infiltre dans le substrat et s'égoutte dans le bac de récupération. Mais si vous n'avez toujours pas de lombrithé au bout de plusieurs mois, examinez l'intérieur de votre lombricomposteur : il est peut-être simplement trop sec. Observez le carton : est-il suffisamment imbibé d'eau ? Prenez une poignée de substrat (sans vers) et pressez-la bien : en sort-il des gouttes d'eau ? Si la réponse est non aux deux questions, alors le substrat est trop sec, ce qui arrive parfois en été. Arrosez-le avec 0,5 litre d'eau et vidangez aussitôt l'eau qui s'écoule dans le bac de récupération. Attendez deux jours et vérifiez le résultat. Si le substrat est toujours trop sec, arrosez encore une fois.

Comment avoir des vers grassouillets pour la pêche ?

Des trois espèces de vers que nous avons présentées, les « dendros » *(Dendrobaena veneta)* sont les meilleurs pour la pêche. Voici comment les engraisser.

Dans le lombricomposteur, un grand nombre de vers doivent se partager la nourriture, c'est pourquoi ils restent assez minces. L'astuce consiste à isoler quelques vers et à les régaler d'aliments spéciaux. Vous pouvez utiliser une autre boîte en polystyrène avec un couvercle percé de quelques trous pour l'aération. Garnissez la boîte d'une couche de 6 à 10 cm de compost demi-mûr. Prenez quelques dendros dans le lombricomposteur et met-

tez-les dans la boîte. Placez celle-ci dans un endroit relativement frais et donnez-leur une alimentation spéciale. Outre des déchets de cuisine et du carton, proposez-leur de la farine et des flocons d'avoine ou un « aliment de gavage » spécial. Les vers engraisseront grâce à ce régime plus protéiné.

Recette d'aliment de gavage protéiné

INGRÉDIENT	POURCENTAGE
Farine pour poule pondeuse ou Mineral Mix	50 %
Farine de blé ou de maïs	20 %
Son ou farine de blé	15 %
Calcaire	15 %

Saupoudrez la farine en couche fine à la surface du substrat, sans l'enfouir, sinon sa décomposition produira de l'ammoniac, nocif pour les vers. Les apports doivent être fréquents mais toujours en petites quantités à chaque fois. Attendez que la farine soit entièrement consommée avant d'en remettre. L'intérieur de la boîte doit être assez humide mais pas détrempé, autour de 80 % d'humidité. Si besoin, régulez ce taux en brumisant de l'eau ou en ajoutant du carton. Si des moisissures apparaissent sur les déchets, enlevez-les ou recouvrez-les de substrat. Au bout de deux ou trois semaines, les vers devraient grossir sans diminution d'activité. Dès qu'ils sont assez gros, vous pouvez les utiliser comme appâts.
Utilisez les vers dans les huit semaines et remettez le reste dans le lombricomposteur. Des vers nourris de protéines trop longtemps peuvent souffrir d'un empoisonnement et mourir. Surveillez régulièrement vos vers : un début d'empoisonnement se manifeste par un bossellement et une déformation du clitellum. Au stade final, le ver se fragmente en anneaux séparés et meurt.

De plus, les protéines en excès se transforment rapidement en ammoniac qui attaque la peau des vers. Si vous constatez un début d'empoisonnement, diminuez aussitôt les apports d'aliments protéiques comme les farines, les pâtes et le Mineral Mix.

Puis-je mettre mes vers au jardin ?

Les vers de compost ne creusent pas de galeries profondes et ont donc besoin d'une couche de matière organique. Avant d'installer des vers de compost dans vos plates-bandes, préparez un paillage épais avec divers déchets de jardin.

Idéalement, le paillage doit être constitué d'un mélange de matériaux carbonés et azotés, comme un mélange de paille (contient beaucoup de carbone) et de tontes de pelouse fraîches (contient beaucoup d'azote). Le rapport idéal entre carbone (C) et azote (N), ou rapport C/N, est de 1/20, mais ce n'est pas absolument indispensable.

Couche de paillage au jardin.

Tous les types de paillage ne plaisent pas aux vers de compost : la population peut rester limitée et de nombreux vers s'en aller. Ce qui n'est pas inquiétant, car les vers de compost préparent le terrain aux vers de terre. Ceux-ci trouveront à se nourrir dans le paillage et leurs galeries optimiseront la pénétration de l'air et de l'eau en profondeur, et leurs déjections amélioreront la fertilité du sol.
Vous pouvez aussi ensemencer votre compost de jardin avec des vers de compost. Mais protégez d'abord le compost des prédateurs en recouvrant le sol avec du grillage à lapin. Le contact avec la terre est important pour que l'eau en excès puisse s'évacuer. De plus, les vers trouveront des minéraux dans le sol et pourront s'y réfugier avant les premières gelées. Couvrez le tas de compost avec du carton ou une épaisse toile en coton pour éviter son dessèchement.

Que faire quand il fait froid dehors ?

Si votre lombricomposteur se trouve à l'extérieur, rentrez-le sans tarder à l'approche de l'hiver. Les vers vous remercieront en décomposant les déchets nettement plus vite, car leur activité est optimale entre 15 et 25 °C. L'activité de ces animaux à sang froid baisse rapidement en dessous de 10 °C. S'ils ont trop froid, ils mangent peu ou pas du tout et vous ne saurez plus quoi faire de vos déchets.
Dans la nature, les vers se réfugient dans les couches profondes du sol, où ils s'enroulent sur eux-mêmes pour hiverner. Plus il fait froid et plus ils produisent de cocons ; ceux-ci étant très résistants au gel, c'est un moyen d'assurer l'avenir de l'espèce.
Si vous ne voulez pas entreposer le lombricomposteur dans votre logement, il peut passer l'hiver à la cave ou au garage, à condition que le local soit à l'abri du gel. Installez une

Comment gérer le lombricomposteur en hiver ?

Premier commandement : à l'abri du gel ! Dans un lieu froid, isolez les côtés avec de la paille, des plaques de polystyrène ou un « anorak » en chanvre, mais laissez à découvert le couvercle et ses trous d'aération. À l'intérieur du composteur, une natte en chanvre retient un peu de chaleur et augmente légèrement la température. Les vers mangent moins en hiver : diminuez les apports de déchets.

protection supplémentaire en isolant les côtés du lombricomposteur avec de la paille ou des plaques de polystyrène, ou encore avec des couvertures et des sacs en matière perméable. Le couvercle, en revanche, doit rester découvert pour ne pas obturer les trous d'aération. Dans le commerce, on trouve des « anoraks » en chanvre qui remplissent la même fonction. Une bonne isolation protégera aussi le composteur à l'extérieur avant les premières gelées, car elle permet de gagner 2 à 3 °C.
La décomposition produit aussi de la chaleur, en particulier la décomposition du marc de café. Mélangez-le avec des déchets de fruits ou de légumes et placez ce mélange au centre du lombricomposteur. Recouvrez les déchets avec une natte en chanvre qui retiendra une partie de la chaleur et laissera respirer les vers. Amassez les déchets de cuisine plus longtemps avant de les verser dans le lombricomposteur.
Il arrive parfois que le lombricomposteur soit vite plein et que des moisissures apparaissent, ce qui s'explique par la baisse d'activité des vers. Enfouissez le moisi dans le substrat, les vers le digéreront au printemps. Si, en dépit de toutes ces mesures, le lombricomposteur gèle entièrement, les cocons donneront naissance à de nouveaux vers au printemps suivant.

Quand les températures remonteront, surveillez de près l'odeur de votre lombricomposteur. La matière organique non décomposée pendant l'hiver peut se mettre à pourrir et libérer de l'ammoniac. Si tel est le cas, recherchez la zone concernée, enlevez-la, puis retournez entièrement le contenu du lombricomposteur pour l'aérer.

Que faire pendant les grosses chaleurs ?

Il est plus difficile de protéger le lombricomposteur de la chaleur que du froid. Quand les températures dépassent 30 °C, ils sont mieux à l'intérieur, où il fait généralement plus frais que dehors. Mais même à l'intérieur, le lombricomposteur doit être abrité du soleil. C'est généralement à la cave et dans le garage qu'il fait le plus frais. En revanche, n'installez jamais le lombricomposteur dans la véranda ou dans le grenier, où il peut faire très chaud.

Si vous tenez à laisser le lombricomposteur dehors, installez-le à l'ombre, par exemple sous un arbre. Vous le rafraîchirez en l'entourant de vieux vêtements en coton ou de vieux sacs en jute humides, mais en laissant le couvercle libre. L'évaporation de l'eau maintiendra le lombricomposteur au frais. Les vers se réfugiant dans le substrat humide pour se rafraîchir, l'intérieur du lombricomposteur doit toujours être humide. Donnez de temps à autre une douche fraîche à vos vers en arrosant simplement les déchets.

À savoir

Les arrosages et la décomposition plus rapide due à la chaleur produisent de plus grandes quantités de lombrithé, qui doit être vidangé plus souvent. Sauf dans le Midi, les canicules sont souvent brèves : la plupart du temps, vous n'aurez pas de mesures particulières à prendre.

Que faire en cas de mauvaises odeurs ?

Normalement, le lombricomposteur ne doit pas sentir mauvais. Sinon, passez à l'action sans attendre. Un changement de conditions a favorisé la multiplication de bactéries anaérobies responsables du pourrissement. Les vers ne survivent pas longtemps dans de telles conditions.
Cependant, ne vous précipitez pas. Les transformations se déroulent très lentement dans le lombricomposteur et la correction du problème demande de la patience.
Vérifiez d'abord si le bac de récupération est plein. Les vers ne supportent pas l'excès d'eau ; de plus, une humidité importante se traduit par une oxygénation insuffisante du lombricomposteur. Vidangez le lombrithé et remettez dans le substrat les vers qui s'y trouvent. Ajoutez du carton et du Mineral Mix afin d'absorber l'eau. Ouvrez le couvercle et aérez l'intérieur jusqu'à ce que les mauvaises odeurs disparaissent. Réduisez les apports de déchets organiques et retournez le substrat pour l'aérer. Les bactéries anaérobies ne supportant pas l'oxygène, une aération répétée finira par les tuer et le système se rééquilibrera vite.

Mes vers présentent des étranglements sur le corps

Cela se produit souvent quand on donne trop de restes de pain et de farine ou autres aliments protéiques. Il s'agit d'un empoisonnement par les protéines, qui tend à diviser les segments des vers. Voir aussi « Comment avoir des vers grassouillets pour la pêche ? », p. 110.

Comment nettoyer mon lombricomposteur ?

Le nettoyage régulier des trous d'aération du couvercle est indispensable. Les vers rampent sur sa face inférieure et finissent par la recouvrir de terre. Un jet d'eau puissant, par exemple celui de la douche, suffit généralement. Vous pouvez aussi déboucher les trous un à un avec une aiguille. Rien ne vous interdit non plus de nettoyer le bac de récupération, dans lequel une couche de lie finit par se déposer.
Certains modèles commerciaux sont équipés d'un robinet amovible. En passant une serpillière humide dans l'ouverture, vous nettoierez la robinetterie et préviendrez les fuites.

Que faire contre les mouches du vinaigre ?

Les mouches du vinaigre, ou drosophiles, arrivent dans le lombricomposteur avec les épluchures de fruits. En été, elles peuvent devenir particulièrement insupportables. Mais il existe trois mesures efficaces pour s'en débarrasser : l'emballage, la natte en chanvre et le piège à vinaigre.
Emballez vos déchets organiques dans du papier journal et, dans le lombricomposteur, couvrez-les d'une natte en chanvre. La natte maintient humides les aliments dans l'obscurité sans empêcher l'oxygène de circuler, mais l'humidité n'est pas assez élevée pour les larves de drosophile (attention, ne recouvrez pas le composteur de plusieurs couches de papier journal, vous bloqueriez l'arrivée d'oxygène). Autre solution, enfouissez les déchets dans le substrat.
Si un grand nombre de drosophiles se répandent hors du lombricomposteur, capturez-les avec un piège à vinaigre. Mélangez 2 volumes de vinaigre avec 1 volume de jus de pomme et

2 volumes d'eau ; ajoutez 2 ou 3 gouttes de liquide vaisselle pour diminuer la tension superficielle. Puis placez le mélange dans un verre à proximité du composteur. Les mouches du vinaigre se noieront en essayant de pondre à la surface. N'utilisez jamais le piège à l'extérieur, car vous tueriez des insectes très utiles.

Au pire, affamez les larves. Les drosophiles ont un cycle biologique de deux semaines. En ne donnant que du carton et du Mineral Mix pendant trois semaines, vous mettrez fin au cycle.

Que faire contre les mouches domestiques ?

Les mouches domestiques sont attirées par l'odeur des protéines en décomposition. La viande, le poisson et les produits laitiers n'étant pas censés finir dans le lombricomposteur, l'invasion de mouches est très rare.

Leurs larves, ou asticots, se reconnaissent aux mandibules de chitine foncée à l'extrémité antérieure pointue ainsi qu'aux deux orifices respiratoires à l'autre extrémité, plus épaisse. Les adultes ont une vie brève qui se compte en jours ou en semaines, mais les asticots vivent beaucoup plus longtemps. Ils se nourrissent de toutes sortes de matières organiques et contribuent même à la décomposition des déchets.

Pour chasser les mouches et les asticots, saupoudrez abondamment les zones concernées avec de la poudre de roche.

Que faire contre les moucherons ?

Les moucherons sont rares dans un lombricomposteur. Il s'agit de mouches de la famille des Scaridés, ou mouches du terreau, et de celle des Scatopsidés. Faciles à confondre avec les mouches domestiques, elles ont les antennes plus longues.

Les mouches du terreau atteignent 5 à 7 mm de long, tandis que les Scatopsidés sont foncés et ne mesurent que 1,5 mm. On les reconnaît facilement à leurs ailes presque transparentes.
En ajoutant du fumier dans votre lombricomposteur, vous augmentez fortement le risque d'introduire ces indésirables. Dans un lombricomposteur qui fonctionne bien règne un équilibre entre prédateurs et proies, et les larves de moucherons sont dévorées par les acariens prédateurs. Si besoin, chassez-les avec de la poudre de roche.

Au secours, mon propriétaire n'aime pas les vers ! Puis-je quand même avoir un lombricomposteur ?

Il n'est pas interdit d'avoir un élevage de vers individuel dans son logement, certaines communes l'encouragent même en fournissant gratuitement des lombricomposteurs. Quant à votre propriétaire, il ne peut pas vous l'interdire si vous garantissez la propreté et la tranquillité du voisinage. A priori, vos vers ne devraient pas trop faire de ramdam !
Il est néanmoins conseillé, avant de démarrer votre lombricomposteur, d'en discuter avec votre propriétaire et peut-être même de le convaincre de l'intérêt du compostage en lui montrant ce livre. Il vaut mieux en discuter ouvertement à l'avance plutôt que de faire les choses en cachette et de prendre le risque de provoquer un différend. Une installation à la cave ou dans le garage sera peut-être mieux acceptée que dans la cuisine rénovée avec son parquet en bambou !

Annexes

Glossaire

Aérobie : les organismes aérobies ont besoin d'oxygène pour vivre (toute la faune du sol et une partie de la flore du sol sont aérobies).

Anaérobie : les organismes anaérobies ne supportent pas l'oxygène, par exemple les bactéries de la pourriture.

Calcaire : composé notamment de calcium, le calcaire neutralise l'acidité dans le lombricomposteur. Il est vendu sous le nom de « carbonate de calcium ».

Clitellum : épaississement dans le premier tiers du corps des lombrics, servant à la reproduction.

Cocon : petite coque en forme de citron pondue par les vers et contenant un œuf fécondé.

Collemboles : petits insectes blancs dépourvus d'ailes, capables de sauter loin en cas de danger.

***Dendrobaena veneta* :** nom scientifique d'un gros ver de compost utilisé également pour la pêche. Aussi appelé *Eisenia hortensis*.

Détritivores : organismes décomposeurs qui dégradent la matière organique.

Eisenia andrei : nom scientifique d'une espèce de ver de compost.

Eisenia fetida : nom scientifique d'un ver de compost, également appelé « ver de fumier ». Il se reproduit très vite et, en cas de danger, sécrète une substance nauséabonde.

Empoisonnement par les protéines : dû à un excès d'aliments protéiques, par exemple les farines, il se traduit par l'étranglement du corps du vers.

Enchytrées : petits vers annélides blancs, présents surtout dans les sols acides.

Humus : partie supérieure du sol riche en matière organique décomposée.

pH : valeur indiquant l'acidité, la neutralité ou l'alcalinité du sol. On peut le mesurer à l'aide de papier indicateur ou d'un kit de mesure.

Symbiose : association entre deux espèces différentes qui se soutiennent mutuellement.

Lectures utiles

Pour les enfants

• *Le ver*, Élise Gravel, Éditions du Pommier, 2014.

• *Twist le lombric*, Flora Bernard et Pierre Cornuel, Viatao, 2010.

Pour les adultes

• *Les clés d'un sol vivant. Comment améliorer la terre de son jardin ?*
Blaise Leclerc, Terre vivante, 2017.

• *Mon petit jardin en permaculture. Durable, esthétique et productif*,
Joseph Chauffrey, Terre vivante, 2017.

• *Compost et paillis – Pour un jardin sain, facile et productif*,
Denis Pépin, Terre vivante, 2013.

• *Je réussis mon compost et lombricompost*,
Ludovic Martin, Pascal Martin et Éric Prédine, Terre vivante, 2011.

• *Lombricompost pour tous. Passez au ver pour vos déchets !*
Jean-Paul Collaert, Éditions de Terran, 2009.

• *Les vers mangent mes déchets*, Mary Appelhof, Vers la Terre, 2007.

• *Tout sur le compost. Le connaître, le faire, l'acheter et l'utiliser*,
Lili Michaud, Multimondes, 2007.

Carnet d'adresses

• **Bio top**
04300 Limans. Tél. 06 11 71 80 52. www.lombriculture.fr
Vente en ligne de lombricompost, vers de compost, lombricomposteurs.

• **Eco-Worms**
www.eco-worms.com
Vente en ligne des lombricomposteurs de la marque.

• **Doux paysage**
Domaine de Fillon, 07410 Arlebos
Tél. 06 30 86 05 50. www.vermiculture.fr
Vente en ligne de lombricompost, vers de compost, lombricomposteurs.

• **Fabrique à ver (La)**
9, rue du Fort, 30330 Saint-Laurent-la-Vernede
Té. 04 66 72 85 53. www.la-fabrique-a-ver.fr
Vente en ligne de lombricomposteurs, vers de compost et accessoires.

• **Ferme lombricole Biovare**
http://desbois-lombriculture.info
Vente de vers de compost et de lombricompost.

• **Ferme lombricole de Cabries**
42, rue de l'Aire, 13790 Peynier
Tél. 06 17 33 20 33. www.desbois-lombriculture.info
Production de lombricompost et de vers de compost pour les particuliers et les professionnels.

• **Ferme lombricole de Provence**
Rue Henri Dutilleux, 13170 Les Pennes-Mirabeau
Tél. 07 81 12 27 28. www.ferme-lombricole.fr
Vente en ligne de vers de compost, lombricomposteur Eco-Worms. Également sur place (prendre rendez-vous).

• **Ferme lombricole du Moutta**
Chemin du Moutta, 64330 Boueilh-Boueilho-Lasque
Tél. 06 27 56 38 15. www.engrais-ecologique.com
Vente en ligne de lombricompost, lombricomposteurs et vers de compost.

• **Jardins animés**
http://fr.jardins-animes.com
Vente de lombricomposteurs (Lombribox).

• **La Boîte à Terre**
www.laboiteaterre.fr
Vente en ligne de lombricomposteurs en bois.

• **Lombriplanète**
23, montée de l'Église, 69300 Caluire
Tél. 06 07 03 21 59. http://lombriplanete.free.fr/
Lombricompost (base de fumier de cheval), vers à compost, lombricomposteurs pour les particuliers et à usage collectif.

• **Terre native**
29, quai Saint-Vincent, 69001 Lyon
Tél. 04 78 98 73 89, www.terrenative.com
Fabricant de lombricomposteurs en caissette bois, garnie de parois en terre cuite (terra-composteur). Distributeur du lombricomposteur suspendu Swag.

• **Vers-land**
Le Fossé Raffray, 22590 Trégomeur
Tél. 02 96 58 29 61. www.vers-land.com
Lombricompost, vers à compost, lombricomposteurs et composteurs en pin douglas fabriqués en Bretagne.

• **Vers la terre**
www.verslaterre.fr
Vente de composteurs Can-O-Worms, Worm Café et Mini Worms, du Brass'compost, de vers...

Index

Les numéros de pages en italique renvoient aux encadrés et aux encarts orange.

Remerciements

Je remercie mon épouse et ma famille, qui ont toujours cru en mes chances de réussite dans ce métier atypique. Sans eux, ce livre n'aurait pas vu le jour. Je remercie également Lydia Brucksch pour la qualité de notre collaboration, et Lionel Germain qui a eu l'idée d'illustrer ce livre avec des dessins humoristiques. Et, pour finir, un grand merci aux modérateurs et à tous les membres du forum internet Wurmwelten, dont l'enthousiasme inépuisable a été pour moi une grande source d'inspiration.

Jasper Rimpau

Crédits photographiques

p. 12 : Imago/blickwinkel
p. 14 : Zoonar/Fotograf
p. 76 et 77 : wurmwelten.de
p. 112 : Zoonar/Debby.

PEFC 10-31-1510

Achevé d'imprimer par Corlet, Imprimeur, S.A. - 14110 Condé-sur-Noireau
N° d'Imprimeur : 193891 - Dépôt légal : janvier 2018 - *Imprimé en France*